DE L'ÉTAT SAUVAGE

ET DES RÉSULTATS DE LA CULTURE

ET DE LA DOMESTICATION

DE L'ÉTAT SAUVAGE

ET DES

RÉSULTATS DE LA CULTURE

ET DE LA DOMESTICATION

Par le Dr SAGOT,

ex-chirurgien de marine, membre correspondant de la Société Académique de Nantes, de la Société Académique d'Angers, de la Société de Botanique de Ratisbonne.

NANTES,

Mme Ve MELLINET, IMPRIMEUR DE LA SOCIÉTÉ ACADÉMIQUE,

place du Pilori, 5.

1865

Dans d'autres travaux, j'ai rapidement indiqué l'influence d'un changement de climat sur les plantes, les animaux et l'homme, et j'ai pu facilement démontrer combien tout être vivant, à quelque règne de la nature qu'il appartienne, est profondément contrarié dans ses conditions d'existence, quand il est transporté de son sol natal sous de nouvelles zones du globe.

Aujourd'hui je vais encore envisager à la fois les plantes, les animaux et l'homme, et suivre sur eux l'influence de ces conditions nouvelles et généralement meilleures d'existence, qu'on désigne sous les noms de culture perfectionnée, d'éducation zootechnique progressive, de civilisation.

Civilisation, perfectionnement, progrès, mots pleins de fascination et d'éclat magique, qui plaisent jusqu'à éblouir, réalités qui, aux yeux du naturaliste sérieux, représentent, sans doute et avant tout, beaucoup de bien, de très grands, très louables et très magnifiques résultats, mais, à côté du bien, quelques inconvénients, quelques piéges, quelques embûches, qu'il importe de ne pas méconnaître, qu'il faut avoir le courage de signaler hautement.

C'est en peu de pages que je traiterai ce grand sujet. Un très petit nombre d'opinions personnelles, de faits empruntés à mon expérience particulière, y trouveront place à côté d'opinions, qui sont du domaine public de la science, de faits, qui sont connus de tous, ou tout au moins relatés dans tous les livres. Je n'ai pas ici à développer des vues originales, mais à exposer brièvement et avec méthode des vérités qui sont déjà assez généralement admises; vérités toutefois qu'il est encore bon de redire, qu'il est bon surtout de grouper, de rapprocher en un seul tableau.

DE L'ÉTAT SAUVAGE

ET DES

RÉSULTATS DE LA CULTURE

ET DE LA DOMESTICATION

DES RACES SAUVAGES ET DES RACES DE CULTURE CHEZ LES PLANTES ; DE L'ÉTAT SAUVAGE, DE LA DOMESTICATION ET DES RACES PERFECTIONNÉES CHEZ LES ANIMAUX ; QUELQUES CONSIDÉRATIONS SUR L'HOMME ÉTUDIÉ CHEZ LES PEUPLES SAUVAGES ET DANS LES PRINCIPALES CONDITIONS SOCIALES DES NATIONS CIVILISÉES.

Des races sauvages et des races de culture chez les plantes.

Si l'on compare aux plantes cultivées leur type sauvage, et, là où l'on ne connaît pas avec certitude ce type sauvage, les espèces spontanées les plus voisines, on constate les traits généraux suivants :

Type sauvage. — Dimension des organes, feuilles, fleurs, fruits, moindre, mais proportion et symétrie parfaite entre toutes les parties. Vie plus longue. Taille ordinairement plus élevée dans les espèces arborescentes, souvent plus basse dans les espèces herbacées. Tissus fermes, coriaces, pourvus de fibres ligneuses bien développées. Souvent principes amers, âcres, ou même vénéneux, répandus dans les tissus.

Rusticité beaucoup plus grande; aptitude à croître dans un sol médiocre, au voisinage d'autres végétaux, qui leur disputent la terre et la lumière. Fidèle reproduction du type dans le semis des graines.

Type cultivé. — Feuilles, fleurs, fruits de plus grande dimension. Dans diverses espèces frutescentes, diminution ou disparition des épines que porte le type sauvage. Vie plus courte.

Souvent, et surtout dans les races dites très perfectionnées, défaut de proportion entre les divers organes, entre les diverses parties de la fleur ou du fruit; prédominance d'un organe sur un autre, comme développement exagéré d'une racine farineuse ou charnue, développement exagéré de feuilles radicales réunies en une tête compacte et serrée, multiplication des pétales et défaut des étamines et des carpelles; hypertrophie de la chair dans le fruit et atrophie du noyau; quelquefois absence de floraison ou stérilité des fleurs.

Tissus plus tendres, plus dépourvus de fibres ligneuses. Développement exagéré de fécule, de sucre dans certains organes. Diminution ou disparition de certains principes âcres, amers ou astringents.

Rusticité beaucoup plus faible. La plante exige un sol plus riche, plus ameubli. Elle veut être sarclée, et ne peut se développer et se conserver qu'au prix de soins artificiels de culture et de multiplication; elle est plus sujette à souffrir des vicissitudes atmosphériques.

Pour donner plus de précision à ces assertions générales, envisageons parmi les plantes cultivées quelques groupes principaux, comme : plantes annuelles cultivées pour leurs graines; plantes cultivées pour leurs racines; plantes cultivées pour leurs têtes de feuilles ; arbres à fruit; fleurs d'ornement.

Plantes annuelles cultivées pour leurs graines. — Ce groupe est formé avant tout par les céréales; il comprend aussi les légumineuses à grains farineux, et on peut encore y ranger diverses plantes oléagineuses.

Les types sauvages des végétaux qui y rentrent sont, pour la plupart, inconnus; l'origine des céréales, des haricots, des doliques est extrêmement incertaine et les botanistes n'ont pu former sur elle que de vagues conjectures. Les races diverses de culture se présentent en grand nombre pour chaque espèce, et le plus souvent on ne sait rien sur leur origine, qui se perd dans la nuit des temps.

Il est donc ici à peu près impossible de comparer les races de culture avec les types sauvages, et il est même difficile de les comparer utilement à des espèces spontanées du même genre botanique, car il faut avouer que ces espèces spontanées sont ordinairement d'un aspect très différent. Il faut être botaniste pour retrouver un haricot dans les *Phaseolus* sauvages des pays chauds, et des céréales dans les graminées spontanées de même genre.

Ce que l'agriculteur demande aux plantes granifères, c'est une végétation prompte, forte et très égale; une floraison et une maturation très simultanée; une fructification abondante, dans laquelle tous les sucs de la tige sont utilisés pour l'accroissement du grain; un grain volumineux, tendre et facile à détacher de ses enveloppes.

Une plante, qui remplit ces conditions, se prête facilement à être semée sur labour dans de vastes champs ; à être récoltée en une seule fois par les procédés les plus expéditifs, à fournir un rendement considérable et à donner des produits faciles à utiliser.

Plus une plante granifère est parfaite, et moins il y a de différence entre le poids du grain et celui de la paille sèche.

C'est un avantage que la jeune plante puisse taller dans les premiers temps de sa végétation, c'est-à-dire jeter quelques rejets latéraux ; cette faculté diminue évidemment l'avance de semence que le laboureur doit dépenser, mais il faut qu'elle ne talle que dans la première période de son développement, et que les rejets latéraux fleurissent en même temps que la tige-mère.

Le blé est le type parfait des céréales.

L'orge, le seigle, l'avoine, quoique donnant des produits d'une moindre qualité, sont encore des plantes granifères éminentes.

On ne trouve pas une aussi parfaite égalité de maturation dans le riz, chez lequel la maturation successive des épis dure près de deux mois. Il est vrai que cette céréale talle beaucoup plus qu'aucune autre, et qu'une seule semence, dans une terre et sous un climat propices, y forme une véritable touffe.

Cette parfaite transfusion des sucs végétaux dans la graine, qui fait que la paille jaunit, s'épuise et se sèche à mesure que le grain mûrit, ne s'observe pas dans les grandes races de sorgho, où, après la maturation du grain, la tige conserve une vitalité considérable et émet de ses nœuds des rejets latéraux.

Le maïs au contraire présente une maturation très égale et l'épuisement le plus parfait de la tige au profit de l'épi.

Un trop grand développement des enveloppes relativement au grain se montre dans l'avoine, le *Triticum Spelta*, le sorgho.

La disposition à taller du pied est inhérente à la nature de la plante, mais le climat peut l'exagérer ou la contrarier. C'est surtout par une température un peu fraîche, que la souche jette ces pousses latérales. Le blé semé en automne talle beaucoup plus que le blé semé au printemps. J'ai remarqué avec intérêt que le grand sorgho talle fortement avant de monter en épi en Europe, au lieu qu'il le fait peu ou point à la Guyane. Cependant dans les pays chauds sa souche est vivace.

Dans les légumineuses à grain farineux, nous trouvons que les plantes les plus productives et les plus avantageuses, sont celles qui ont une végétation courte et vive, celles où la tige jaunit et s'épuise à mesure que les gousses se gonflent, celles où les graines mûrissent à peu près toutes à la fois.

Les haricots cultivés dans l'Europe tempérée, *Phaseolus vulgaris, Ph. compressus, Ph. rotundus,* nous offrent à un haut degré ces conditions de végétation.

Au contraire, le *Ph. lunatus*, cultivé dans les pays chauds sous des noms divers (pois de sept ans à la Guyane, pois savon à la Guadeloupe, etc.), nous présente une tige plus haute et plus dure, vivant, en bon sol, pendant plusieurs années. Son produit est beaucoup moindre que celui d'une succession de semis de haricots annuels qui auraient occupé le sol pendant un même laps de temps. On peut encore remarquer que les valves de la gousse sont d'un tissu plus dur.

Dans plusieurs doliques que j'ai vu cultiver aux colonies, la plante, quoique annuelle, a une végétation un peu plus prolongée que celle des haricots de France; elle talle du pied ; elle mûrit successivement ses gousses pendant six semaines ou deux mois ; et la tige, si le sol est bon et qu'il y ait quelques pluies, reste longtemps verte et vigoureuse après avoir donné ses premières gousses mûres.

Le *Canavalia ensiformis,* connu dans plusieurs colonies sous le nom de pois sabre, et si remarquable par sa gousse gigantesque, est une plante vivace, d'une production médiocre, et chez laquelle la maturation des graines n'amène pas l'épuisement de la tige.

Le *Cajanus flavus* (pois cajongi, pois d'angole, ambrevade) est sous-frutescent et vit en bon sol quelques années. Sa forme est celle d'un très petit sous-arbrisseau, assez touffu ; ses rameaux ne sont nullement volubiles. C'est une plante d'un médiocre produit, et le temps qu'il faut perdre à cueillir et à écosser ses petites gousses, en rend la culture peu avantageuse.

En général, les légumineuses à grain farineux des pays tempérés, *Faba, Pisum, Phaseolus, Ervum,* sont d'un beaucoup plus grand produit et d'une culture en grand bien plus commode que celles des pays chauds, *Phaseolus lunatus, Lablab, Dolichos, Cajanus.*

L'*Arachis hypogœa* (pistache-terre, arachide) est annuelle, car dans les pays chauds, les touffes ne persistent d'une année à l'autre que par la germination des graines enfouies naturellement sous terre, et les tiges sèchent en été : mais les espèces sauvages de ce genre, découvertes au Brésil, et figurées dans la belle flore du docteur Martius, ont une racine vivace, et, quoique leurs feuilles et leurs gousses soient de moindre dimension, elles n'en semblent pas moins la souche de la plante cultivée.

Il est beaucoup plus facile dans le groupe des légumineuses granifères que dans celui des céréales, de trouver des espèces sauvages analogues aux espèces cultivées, ou même de remonter à la souche sauvage.

Qu'il me suffise de citer à cet égard :

Dans les pays tempérés : *Ervum Ervilia, E. monanthos, E. lentoides. Lathirus sativus. Vicia sativa. Astragalus edulis....* Les auteurs indiquent même des *Pisum*, des *Cicer*, le *Vicia Faba*, spontanés.

Dans les pays chauds : *Lablab perennis* (de Nouvelle-Calédonie), *Canavalia ensiformis, C. obtusifolia,* divers *Dolichos, Dioclea*, plusieurs *Phaseolus, Psophocarpus,* petits *Arachis* sauvages du Brésil.

Nous remarquerons que beaucoup des premières croissent dans la région méditerranéenne et en Asie mineure, c'est-à-dire dans des pays où, par un effet de la sécheresse de l'été, le sol des coteaux reste nu entre les touffes de plantes, qui s'y élèvent plus ou moins espacées, et ne se couvre pas, comme dans le Nord, d'un tapis continu et serré de gazon, de petites plantes herbacées, de mousse et de lichens. Cette nudité du sol, qui m'a vivement frappé, quand, après mes premières herborisations dans le centre et le Nord de la France, je visitai Montpellier, équivaut à une sorte de sarclage naturel, et, comme en même temps la sécheresse du climat et la coupe du sol permettent à la terre d'acquérir et de conserver plus facilement une haute fertilité, nous pourrons assurer que les plantes y croissent naturellement dans des conditions qui imitent tant soit peu celles de nos cultures européennes.

Nous remarquerons encore que beaucoup des légumineuses des pays chauds que j'ai citées poussent au bord de la mer, c'est-à-dire sur un sol toujours plus ou moins découvert, et sur lequel se dépose incessamment une certaine quantité d'engrais azoté.

« Le *Lablab perennis* est très commun sur le littoral de

» la Nouvelle-Calédonie. Les indigènes recueillent ses » gousses qu'ils font griller sur les charbons; les graines » cuites ainsi dans leur enveloppe, sont de fort bon » goût.... » (Vieillard et Deplanche.)

Plantes cultivées pour leurs racines farineuses ou charnues. — L'agriculteur demande aux plantes de cette catégorie une forte et rapide végétation foliacée, bientôt suivie d'une résorption des sucs de la tige et des feuilles au profit d'une racine ou d'une souche, qui se gonfle et se gorge de fécule ou de matières gommeuses et sucrées. Cette racine doit être aussi dépourvue que possible de fibres ligneuses, qui la rendraient dures, et n'avoir qu'une trame celluleuse peu dense; elle doit également être exempte de tout principe âcre, amer ou malfaisant.

Il est évident que cette énorme hypertrophie de la racine, si profitable pour le cultivateur, est antipathique à la translation des sucs végétaux vers le point qui accompagne le développement et la maturation des graines. Les plantes à racine très hypertrophiée doivent donc tendre à fleurir peu, ou à ne porter que des fleurs stériles, comme nous le constatons pour la pomme de terre cultivée, qui fleurit bien moins que les solanum sauvages, qui sont sa souche ou qui lui ressemblent; pour la pomme de terre précoce qui ne fleurit généralement pas; pour la patate qui fleurit peu et dont les fleurs sont stériles.

Cependant il y a toute une catégorie de plantes à racines charnues, la plupart bisannuelles, dans lesquelles l'hypertrophie de la racine n'entraîne nullement l'atrophie des fleurs, comme le navet, la carotte, la betterave. En effet, dans ces plantes, les feuilles radicales, qui se développent la première année, sont résorbées à l'automne au profit de la racine; mais, au printemps suivant, les sucs de la racine fournissent au développement de la tige à fleurs et des graines. Dans les végétaux de cette section, l'agriculteur désire prolonger la vie végétale plutôt que l'abréger. Pour obtenir de belles racines, il rejette la graine des sujets, qui tendent à monter trop rapidement à fleurs; il évite aussi de semer trop tôt au printemps.

Dans plusieurs de nos plantes utiles à racine charnue, les types sauvages sont mieux connus que dans les céréales. On peut donc avec plus de certitude y établir un parallèle entre les plantes sauvages et les plantes cultivées, entre les races peu perfectionnées de culture et les races les plus productives et les plus profitables.

Types sauvages. — Racines plus petites, plus dures, plus mêlées de fibres ligneuses, souvent imprégnées d'une matière âcre ou amère, *Papas Amargas* du Pérou, divers ignames sauvages. Feuilles plus petites, plus fermes. Tiges plus vivaces, espèces spontanées de manioc, convolvulacées les plus voisines de la patate, plus fines, plus ligneuses. Fleurs plus abondantes et toujours fertiles, maniocs sauvages, solanums, ignames, aroïdes.

Dans les espèces bisannuelles, où les fleurs se développent au dépens des sucs de la racine, feuilles radicales plus petites, racine plus petite, plus sèche et plus dure, tige fleurie plus basse, moins rameuse, portant un moindre nombre de fleurs.

Races de culture et surtout races très perfectionnées. — Racines très volumineuses, tendres, revêtues d'un épiderme très mince, dépourvues d'âcreté, gorgées de fécule ou de sucs gommeux et sucrés. Tiges d'un développement plus ample et plus rapide, mais d'une vie plus courte. Feuilles plus larges, plus tendres. Fleurs (en écartant les espèces bisannuelles), moins abondantes, quelquefois rares ou nulles, quelquefois stériles.

Dans les espèces bisannuelles, feuilles radicales très grandes, tige florale très ample, très rameuse, fleurs très nombreuses. Aptitude à végéter deux années complètes et à ne pas monter à fleur dès la première année.

Je mentionnerai un petit nombre d'exemples à l'appui de ces assertions :

La pomme de terre *Solanum tuberosum* est une des plantes les plus intéressantes à citer. On croit l'avoir trouvée réellement sauvage au Chili, et on a observé plusieurs solanum spontanés, présentant avec elle une analogie de formes très grande.

Dans les montagnes d'Amérique, les indigènes cultivent plusieurs races, qui paraissent moins éloignées du type primitif que celles que nous connaissons en Europe. La plus répandue porte des tubercules d'une amertume insupportable, qu'on ne mange qu'après les avoir soumis à la congélation et les avoir réduits en une sorte de farine grossière dite chuno. (Weddell, *Voyage en Bolivie.*) La préférence donnée à cette race vient probablement de ce qu'elle est très rustique et qu'elle résiste bien aux intempéries atmosphériques, si dures et si subites dans la Cordilière.

Depuis son introduction, encore cependant assez récente en Europe, la pomme de terre a subi une transformation évidente. Elle y a végété dans des terres plus riches, fumées et ameublies, et sous un climat très différent de celui de la Cordilière. On sait en effet que, dans les hautes montagnes de l'Amérique du Sud, règne une fraîcheur de température perpétuelle, et que les nuits y sont toute l'année très froides; qu'il y pleut peu. Quelle différence entre de telles conditions climatériques et nos saisons d'Europe, où, après les temps variables et frais du printemps, arrivent les chaleurs ardentes de l'été ! Sous ces conditions nouvelles, les races anciennes se sont lentement modifiées, en même temps que les soins de l'horticulture donnaient naissance à de nouvelles races.

La végétation des tiges est devenue plus courte, le floraison plus rare, la maturation des fruits plus rare encore. Les tiges qui, il y a vingt-cinq ans, je m'en souviens parfaitement et les paysans de mon pays s'en souviennent mieux encore, les tiges qui, il y a vingt-cinq ans, ne séchaient qu'aux premières gelées d'automne, jaunissent et sèchent maintenant en été, les tubercules sont plus volumineux et plus doux. Le plus grave obstacle que rencontra jadis la diffusion de la culture de la pomme de terre en Europe, fut, bien plutôt que la répugnance routinière du public, la rareté à cette époque des bonnes races à racine douce, tendre et farineuse.

La variété très précoce, dite quarantaine, est une des races les plus manifestement déviées du type primitif. Elle ne fleurit pas, ses tiges se sèchent dès le début de l'été. Elle est d'une végétation délicate ; en terre médiocre elle produit très peu, et l'excès de fumure fraîche la brûle plus aisément qu'une autre.

La maladie de la pomme de terre est survenue quand la plante était arrivée au plus haut degré de production. Les causes de ce fléau sont sans doute complexes, et la science est impuissante à les définir. Il y en a qui sont probablement liées à des phénomènes climatériques insaisissables, mais il n'est pas douteux que la disposition générale à être malade ne soit liée à ce perfectionnement agricole excessif, à cet écart exagéré des formes primitives et surtout à la marche trop rapide de cette transformation.

Pour faire apprécier combien est énorme la production

de la pomme de terre, qu'il me suffise de dire qu'en une saison, c'est-à-dire en cinq mois à peine de végétation, en bonne culture, elle produit deux kilos de tubercules par mètre carré, et en très bonne culture quelquefois trois kilos. Ce sont les chiffres de rendement du manioc cultivé en sol vierge à la Guyane et récolté à deux ans accomplis.

La patate *Convolvulus Batatas* L. fleurit mais peu abondamment à la Guyane; je ne lui ai jamais vu de graines. Les tiges se dégarnissent de feuilles, jaunissent et s'atrophient après quatre ou cinq mois de végétation et les racines prennent alors tout leur développement. Cependant à l'extrémité et sur le trajet de ces tiges, qui rampent à terre et s'enracinent sur toute leur longueur, sortent de nouveaux jets, qui deviennent des pieds séparés. La résorption organique des tiges au profit des tubercules n'est donc pas tout à fait aussi parfaite que dans la pomme de terre.

Parmi les diverses variétés de patate de la Guyane, plusieurs, cultivées particulièrement par les Indiens, présentent les caractères de races de culture trop primitives, insuffisamment perfectionnées. Les tiges sont grèles, peu feuillées et rampent au loin, les tubercules ont un volume moindre. La plus singulière est la patate cachiri, dont les très petites racines sont tout imprégnées d'une matière colorante pourpre. Les Indiens s'en servent pour colorer le cachiri, boisson fermentée de manioc. Cette petite race ne fleurit pas plus que les autres; je n'ai pas même eu l'occasion d'en observer la fleur.

Je croirais assez volontiers, sur de vagues indications, que l'*Ipomea fastigiata*, qui croît sur la côte d'Amérique et notamment aux Ilets du salut à la Guyane, et qui ressemble un peu à la patate, donnerait des tubercules que l'on pourrait manger, mais je n'ai aucune certitude à cet égard. D'autres *Ipomea* portent de grosses racines imprégnées d'un suc purgatif et que l'on peut cependant quelquefois manger, après les avoir râpées et lavées à grande eau avant de les cuire. (Nouvelle-Calédonie, Vieillard.)

La patate cultivée, à qui je n'ai jamais vu de graines à la Guyane, en porte cependant quelquefois,..... autres races ? autre climat ? autres procédés de culture ?

Le manioc vit deux ou trois ans, mais n'est pas réellement une plante vivace. A mesure qu'il s'élève et fleurit, la vigueur de sa végétation faiblit, et enfin il se dégarnit de feuilles et se sèche. C'est le moment où ses tubercules acquièrent leur plus fort volume, mais on n'attend pas ce terme pour les récolter, il y aurait trop de racines avariées et pourries. Je croirais volontiers les maniocs sauvages plus vivaces. Je ne les ai cependant pas observés vivants, et je ne les connais que par des échantillons d'herbier et par les magnifiques figures du grand ouvrage de Pohl. Deux espèces ont véritablement une analogie de formes remarquable avec le manioc cultivé; on ne peut cependant affirmer l'identité spécifique.

Le *Cyperus esculentus* cultivé en Egypte, où l'on mange ses tubercules, ne fleurit pas; mais une autre plante, qui paraît le *Cyp. esculentus* sauvage, fleurit normalement. Elle donne de petits tubercules de bon goût mais de volume bien moindre. (Delile.)

L'*Apios tuberosa* légumineuse des Etats-Unis, le *Psoralea esculenta,* vulg. *Picotiane* de la même région, donnent des tubercules farineux d'un goût agréable, mais d'un faible produit. Les personnes qui en ont tenté la culture se sont découragé, à cause de la petitesse des racines surtout en sol médiocre. Peut-être des essais intelligents, suivis avec beaucoup de persévérance, eussent-ils conduit à la conquête de races plus productives, d'un intérêt pratique réel ?

De nos jours, on a soumis à la culture le *Chœrophyllum bulbosum,* qui croit sauvage en Europe, et on en a tiré un légume de luxe délicat, mais peu productif. Telle est l'aptitude de cette plante à former une racine charnue, que, lorsque sa graine germe, au lieu que la tigelle s'élève entre les cotylédons, les feuilles cotylédonaires, au bout de quelque temps, se flétrissent, en même temps que se forme au collet de la racine un petit renflement, noyau du tubercule futur. C'est de ce renflement que sortent les feuilles radicales et la tige. (Kirschleger.)

Je croirais volontiers qu'on pourrait également conquérir à nos jardins le *Bunium Bulbocastanum,* qui croît dans les moissons des terrains calcaires. J'ai mangé avec plaisir sa racine cuite, et je signalerais sa domestication comme intéressante.

Le nombre des plantes sauvages, dont on peut manger la racine farineuse ou charnue, est considérable.

Citons, entre beaucoup d'autres, plusieurs *Dioscorea* (ignames), divers *Maranta, Canna,* certaines Aroïdes comme l'*Amorphophallus sativus* Bl., la souche d'un palmier, *Borassus flabelliformis,* arrachée quelque temps après la germination de la graine, certains *Oxalis,* diverses Asclépiadées du cap de Bonne-Espérance, plusieurs *Tragopogon* et *Scorzonera,* le *Scolymus,* l'*Ænothera biennis,* le *Pastinaca* et d'autres ombellifères, plusieurs *Allium,* le *Curculigo stans* (Nouvelle-Calédonie), des *Nymphæa,* le *Lathirus tuberosus*..... etc., etc.

Plantes cultivées pour une tige tendre gorgée de sucs sucrés ou de fécule. — Cette catégorie de plantes est réellement voisine de la précédente, car, comme le savent tous les botanistes, les tubercules sont bien souvent de véritables tiges souterraines, *ex taro,* ou bien sont le collet de la base de la tige, renflé, devenu charnu, radis.

La principale des plantes cultivées pour leur tige est certainement la canne à sucre. Son origine est très obscure. Multipliée de temps immémorial par boutures, elle a perdu la faculté de donner des graines. On sait, en effet, qu'elle fleurit, mais que ses fleurs sèchent sans fournir aucune semence. La canne offre une hypertrophie évidente de la tige et des feuilles. Dans la tige, la moelle remplie de jus sucré qui forme l'intérieur du roseau, a acquis un développement excessif.

Parmi les très nombreuses variétés de la canne, on en trouve de plus petites, plus grêles, mais plus rustiques, que l'on cultive particulièrement dans le Nord de l'Inde, et de plus grandes et plus productives, qui ne se conviennent que sous des climats plus chauds et dans les sols les plus riches.

Il serait bien curieux de savoir si les petites races, cultivées pendant un nombre suffisant d'années, au voisinage de l'Equateur et dans des terres très fertiles, prendraient de plus fortes proportions et s'amélioreraient graduellement. Il est permis de présumer qu'il en serait ainsi. Les premières cannes apportées aux Antilles provenaient des Canaries, et appartenaient certainement aux races du Nord de l'Inde, répandues par les Arabes sur le littoral méditerranéen de l'Afrique, en Sicile, et dans le Midi de l'Espagne. Or, on ne retrouve plus aux Antilles de petites cannes comparables à celles de l'intérieur du Bengale. La canne de Taïti, quand elle fut introduite aux Antilles, remplaça les variétés créoles, parce qu'elle produisait plus; mais ces variétés créoles étaient déjà grandes et productives, et aucune n'était réellement chétive et grêle.

Aujourd'hui, on possède aux colonies les races les plus

belles, et la production dans les champs bien cultivés atteint un chiffre prodigieux.... mais la canne devient malade. A Maurice et à la Réunion où cette maladie est plus intense, précisément parce qu'on y avait poussé trop haut la production par l'usage exagéré des engrais, on est obligé de remplacer l'ancienne race par des cannes plus dures et moins productives, mais plus saines.

Le palmier sagou est cultivé dans les îles de l'Archipel indien pour la fécule nourrissante que l'on retire de son tronc, coupé, fendu en lattes, et malaxé dans l'eau. Je ne saurais dire si la culure a modifié ses formes naturelles et les habitudes de sa végétation.

L'asperge est le légume d'Europe, qui est cultivé le plus proprement pour sa tige. On en connaît le type ou plutôt les types sauvages, dont les jeunes pousses peuvent se manger. La culture a amené une hypertrophie évidente de la plante, mais cette hypertrophie n'a pas altéré l'aptitude à porter des graines.

Une variété très curieuse de bananier, cultivée à la Nouvelle-Calédonie, fournit un légume dans les jeunes pousses de sa souche, coupées sous terre, avant qu'elles ne soient montées au-dessus du sol. Elle ne donne pas de régime. (Voyez Vieillard et Deplanche.)

On mange en Abyssinie les tiges du *Musa Ensete,* encore jeune, après les avoir dépouillées des enveloppes extérieures ; état où elles sont probablement un peu semblables au chou d'un palmier. Le *Musa Ensete,* au rebours du précédent, fleurit et donne des graines fertiles, mais ne porte pas de rejets à sa source; en sorte qu'on doit le multiplier de semis. Les amateurs d'horticulture savent que ce magnifique végétal a déjà fleuri et fructifié en pleine terre à Alger, et qu'il est en voie de se multiplier et de se répandre.

Plantes cultivées pour des touffes de feuilles tendres. — Dans les plantes cultivées en vue de l'usage alimentaire de leurs feuilles, les plus avantageuses sont celles qui donnent une tête compacte formée par de jeunes feuilles amples, tendres, serrées les unes contre les autres. Beaucoup de ces plantes sont de leur nature bisannuelles, et les pommes de feuilles, qu'elles fournissent à l'automne, sont le prélude de la floraison, qui devait s'opérer au printemps suivant. D'autres espèces ne donnent que des feuilles espacées et qu'il faut cueillir une à une ; elles sont moins productives et moins commodes à récolter.

Le cultivateur demande aux plantes cultivées pour des feuilles alimentaires, des feuilles larges, tendres, dépourvues d'âcreté, une végétation rapide et l'aptitude à une forte et prompte croissance, sous l'influence du fumier et de l'arrosement. C'est un grand avantage que ces feuilles soient réunies en une tête serrée, car alors elles sont plus douces et plus tendres, parce qu'elles sont naturellement préservées de l'action de l'air et de la lumière, dont l'effet est de donner aux feuilles plus de dureté et souvent une âcreté ou une amertume sensibles.

Là où la plante ne forme pas naturellement de pommes de feuilles et où elle est portée à donner des produits durs ou amers, le cultivateur, en liant les touffes de feuilles, ou en les enterrant, ou en les faisant végéter à l'obscurité, les fait, comme on dit, blanchir, et les obtient plus douces et plus tendres, chicorée.

On n'obtient des pommes de feuilles que sur des végétaux portés par une culture très intensive à une hypertrophie organique manifeste, et, si perfectionnée que soit la race, il faut donner beaucoup de soin aux sujets, les fumer beaucoup, les arroser, les cultiver dans une terre très ameublie. On obtient alors des produits très considérables sur peu d'espace, mais au prix de beaucoup d'engrais, d'eau et de soin. Conditions de culture inverses des céréales et des légumineuses granifères, qui ne donnent des produits notables que sur de grands espaces, et qui n'exigent que des quantités d'engrais très modérées.

Je ferai ici cette remarque, que les plantes qui peuvent, sur un petit espace, utiliser énormément de fumier, naissent, en général, d'une graine petite, et que quand on les laisse monter à graine, elles rapportent un nombre de graines énorme, soit 5,000, 10,000, 20,000 et plus.

On n'obtiendrait guère au contraire d'un pied isolé de haricot ou de pois, si bien cultivé qu'on le suppose, que soixante, quatre-vingts, cent ou cent cinquante.

Un abaissement modéré de la température, qui retarde la floraison sans empêcher la végétation foliacée, est avantageux pour obtenir de plus fortes feuilles. C'est pour cela que les plus belles pommes de chou se récoltent en automne : c'est pour cela qu'on a de plus gros choux en Allemagne et en Angleterre que sur le littoral de la Méditerranée.

Une culture intensive exagérée diminue souvent l'amertume ou l'âcreté naturelle des feuilles. Elle paraît cependant développer d'autres principes sapides, comme nous le voyons pour le chou.

Certains sols argileux (riches en potasse ?) donnent de l'âcreté à quelques légumes, notamment à l'épinard.

Dans certaines terres (où il y a peu de chaux, ou bien où les conditions sont peu favorables à son absorption ?) les feuilles sont plus tendres.

Sous un climat humide les légumes sont plus tendres.

Les premières gelées d'automne adoucissent certaines feuilles.

Dans beaucoup de plantes dont on mange les feuilles

radicales, la qualité de ces feuilles s'altère absolument, aussitôt que la plante monte à fleurs, elles deviennent d'une dureté et d'une amertume insupportables.

Je ne pense pas qu'on connaisse avec certitude la souche sauvage des deux plus importants de nos légumes à feuilles comestibles, le chou et la laitue.

Il est d'un autre côté notoire que l'homme peut manger bouillies et même quelquefois crues, les feuilles d'une multitude de plantes sauvages, et sans entreprendre à cet égard une énumération qui serait très longue et resterait fort incomplète, qu'il nous suffise de citer :

Beaucoup de crucifères, notamment *Sinapis, Crambe.*

Beaucoup de composées de la tribu des chicoracées, *Sonchus, Taraxacum, Lactuca perennis.*

Plusieurs chénopodées, divers alliums, les rumex, la mâche (*Valerianella*), la pimprenelle, le pourpier.

Nommons parmi les plantes exotiques le *Moringa pterygosperma,* dont on mange les jeunes pousses comme les jeunes racines, et que ses affinités rapprochent des capparidées; diverses portulacées, *Talinum, Tetragonia ;* quelques *Solanum* voisins de notre morelle, le chou intérieur des palmiers, diverses orchidées à feuilles charnues, plusieurs amarantes et *Phytolaca*. . ., etc., etc.

PLANTES CULTIVÉES POUR LEUR FRUIT. — Ce groupe est formé principalement par les arbres à fruit, quoiqu'il compte aussi quelques plantes herbacées et annuelles.

L'hypertrophie du tissu tendre et pulpeux du fruit, la disparition de principes âcres et acerbes, une fructification plus abondante, telles sont les modifications auxquelles le jardinier cherche à arriver ; modifications, il faut le dire, difficiles à obtenir, car il est plus aisé d'agir sur les racines ou sur les feuilles que sur le fruit.

C'est en général par des semis répétés de génération en génération dans une terre fumée, meuble et sarclée, par la multiplication répétée de boutures ou de drageons, par la taille, par la greffe, par l'hybridation effectuée artificiellement ou par l'entremise des insectes, qu'on parvient à ces bons résultats après de longs et laborieux essais.

Si nous examinons au point de vue de l'analyse botanique ces fruits si justement appréciés des cultivateurs, nous constatons sans peine un certain degré d'altération des organes.

Souvent l'hypertrophie de la chair a amené la rareté, l'atrophie ou même la disparition des graines, palmier Paripou, *Guillielmia speciosa,* ananas, bananier, arbre à pain.

Là où le noyau persiste, il est quelquefois aminci ou même mal formé, diverses mangues greffées.

La peau s'est amincie, des fibres, des concrétions pierreuses ont disparu, poire, mangues greffées.

La chair a éprouvé une hypertrophie considérable, et est devenue plus sucrée, plus juteuse, plus parfumée. Presque tous les fruits, et notamment pêche, melon.

Des sucs amers, acides ou astringents se sont adoucis ou se sont même tout-à-fait dissipés, pomme, poire.

Les organes de végétation ont subi également des altérations diverses ; taille absolue plus basse, feuilles plus grandes, rameaux plus épais, vie plus courte, poirier, corossol.

Taxonomie des feuilles altérée au moins sur quelques pousses, poirier.

Fleurs déformées par multiplication des parties, tomates, aubergines (au moins dans la culture dans les pays tempérés).

Disparition d'épines, aubergine, prunier, orangers cultivés par greffe.

Multiplication des fleurs et des fruits, prunier, cerisier et presque tous les arbres à fruit.

Souvent reproduction infidèle du type par le semis, poire, prune, vigne, cédrats, mangue greffée.

Il ne saurait entrer dans mon plan de traiter avec quelque détail du travail d'amélioration des fruits; qu'il me suffise d'indiquer quelques faits principaux.

Dans tous les pays il y a des fruits sauvages d'une saveur agréable, soit, pour exemple, en France, la fraise et la framboise; dans les régions polaires, le *Rubus chamœmorus* et divers *Vaccinium ;* à la Guyane, le balata *Mimusops Balata,* la mari tambour *Passiflora tinifolia,* la mari poil *Genipa merianœ,* l'acajou *Anacardium occidentale ;* à Taïti, le *Musa Fehi* (fruit mangé cuit); au Brésil, diverses myrtacées, etc., etc. D'autres fruits, en plus grand nombre peut-être, passables, médiocres, mauvais même à l'état sauvage, ne sont devenus agréables et avantageux que par la transformation que la culture leur a fait subir. Tels semblent la poire, la pomme, la prune, la figue ?, la mangue ?, l'orange ?.

La culture dans un sol très fumé, meuble et bien sarclé, augmente promptement le volume de la chair du fruit, elle tend aussi à y diminuer l'âcreté ou l'amertume, et à y exalter l'odeur suave et la sapidité.

Les bons fruits sauvages des forêts s'améliorent et gagnent immédiatement dès qu'on les cultive dans un jardin. On a fait souvent cette remarque à la Guyane.

L'amélioration est bien plus sensible sur les sujets de deuxième ou troisième génération cultivés en jardin. C'est en effet en semant les graines d'un sauvageon planté dans un jardin, qu'on obtient à la seconde génération des fruits réellement améliorés. On doit semer ces graines dans de très bonne terre, et les semer en grand nombre, afin que l'on puisse préférer les meilleurs sujets. Il est probable que la taille bien pratiquée sur le sauvageon, l'ablation d'un certain nombre de jeunes fruits, destinée à favoriser l'accroissement de ceux qu'on laisse, seraient des opérations profitables pour obtenir des graines plus propres à produire des sujets améliorés.

A ce sujet je ferai remarquer que c'est une coutume à peu près générale chez tous les peuples, même les plus sauvages, de planter quelques arbres à fruits autour de sa maison ou de sa hutte. Là le sol est porté par le voisinage de l'homme à un degré extrême de fertilité, et ce qu'on y plante croît dans les conditions de la culture la plus intensive. Il est permis de croire qu'une pareille influence, exercée pendant des milliers d'années, doit avoir modifié sensiblement les types primitifs. J'ai eu le plaisir de voir chez M. le professeur Decaisne des dessins constatant la très rapide amélioration du *Ribes uva crispa* après une courte période de culture intensive.

C'est une question très délicate de discerner, dans les variétés de nos fruits cultivés, ce qui est le vestige des diverses races ou sous-espèces sauvages du type primitif, et ce qui est le simple résultat de cette variabilité à laquelle arrivent les plantes soumises à la culture jardinière.

Si l'on eût imaginé de cultiver la ronce sauvage, qui donne de petits fruits assez agréables, les nombreuses espèces affines ou races naturelles dont cette espèce est constituée, auraient certainement introduit un élément puissant dans la distinction de ces variétés, que les horticulteurs eussent présenté plus tard comme des créations de culture.

J'ai eu l'occasion de remarquer dans nos bois de Bourgogne, que dans les plantations de merisier *Cerasus avium* (plant tiré des bois), les divers arbres produisaient des fruits sensiblement différents par le goût, la couleur...., et il y avait des merises plus amères ou plus douces les unes que les autres, de plus noires et de plus claires.

Les divers pruniers sauvages forment des espèces distinctes, et il serait bien intéressant de les réunir en collection et de les comparer vivants.

Nous devons avouer qu'en Europe la définition des types sauvages d'arbre à fruit n'est pas toujours facile. Certains sauvageons ne sont certainement que des noyaux portés par l'homme ou les oiseaux dans les bois et les haies, et développés sous des formes méconnaissables.

On trouve quelques sujets pseudo-spontanés de telle origine. Leur nombre est cependant bien minime relativement à la quantité de noyaux et de pépins qui sont incessamment disséminés.

C'est que les arbres modifiés par la culture ont perdu leur rusticité, et ne peuvent plus guère supporter la vie des forêts.

On sait que partout, aussi bien dans les pays les plus sauvages que chez les nations les plus civilisées, les diverses plantes cultivées comptent un nombre de races fixes très considérable. C'est là où ces plantes semblent avoir leur source originelle, qu'elles sont plus nombreuses. C'est en Asie qu'il faut chercher les races de riz et de bananier; en Amérique, celles de maïs, de manioc et de patate; en Océanie, celles d'arbre à pain.

Il est fort à recommander aux voyageurs d'observer et de rapporter vivantes les races cultivées dans les pays les plus reculés par les tribus les plus sauvages. Il y a des choses très nouvelles à y trouver, et, sur le nombre, quelques nouveautés utiles.

Les horticulteurs de l'Europe découvriront des races très curieuses au Caucase, dans le royaume de Cachemyr, en Chine. Ils en trouveront même dans les cantons de France peu avancés en agriculture, et restés par là plus fidèles à la tradition de leurs anciennes espèces.

Je crois qu'il est plus facile d'améliorer un fruit dans un climat un peu plus frais que dans un climat chaud, dans un climat plus sec que dans un climat pluvieux.

Le climat et les habitudes séculaires d'une horticulture très soignée semblent avoir multiplié les races de fruit très perfectionnées dans certaines régions, comme en Europe, en Chine, etc.

On n'est pas dans l'usage en Europe de multiplier de semis les arbres fruitiers, mais cette méthode de propagation est presque la seule suivie dans les pays chauds. J'ai souvent admiré à la Guyane, sur des avenues de manguiers, de cocotiers, d'orangers, avec quelle fidélité le type se conserve dans la multiplication par graines; quelle uniformité on constate dans le fruit des différents arbres. On sait, toutefois, que la mangue greffée ne se reproduit pas avec une parfaite fidélité de noyau, comme la mangue commune.

On observerait sans doute en Europe une telle disparité entre la pêche de vigne et les pêches perfectionnées, entre l'abricotin et les gros abricots, entre les petites prunes noires et les belles espèces.

La présence ou l'absence d'amertume ou d'âcreté s'observent en Europe dans le fruit d'arbres très voisins les uns des autres, comme dans les poiriers, les pommiers. On peut encore citer, comme des exemples remarquables, la pastèque amère, très semblable à la pastèque ordinaire, observée par le docteur Livingstone dans l'intérieur de l'Afrique; les diverses races, variétés ou variations de citrons doux, cédrats, qui offrent toutes les nuances intermédiaires entre l'amertume et la douceur, l'acidité et la fadeur, comme entre le développement tour à tour prédominant de la chair juteuse, ou du tissu cellulaire blanc sous-cortical.

Le bananier est un exemple fort intéressant de la faculté des plantes déviées par la culture de développer avec excès tel ou tel organe. Parmi les diverses espèces sauvages de ce beau genre botanique, il y en a qui ne donnent pas de rejets au pied : la tige alors s'élève, fleurit, porte des graines nombreuses, puis sèche et périt, laissant aux graines le soin de conserver l'espèce. Tels sont le *Musa Ensete* d'Abyssinie et deux autres *Musa* des montagnes de l'Inde. Dans un nombre plus grand d'espèces, la souche fournit des rejets, et la plante est ainsi vivace par la souche. Les fruits renferment des graines bien conformées et propres à la germination, mais moins nombreuses que dans la section précédente. Il y en a même où ces graines sont assez rares, et manquent dans la plupart des fruits. Dans tous les *Musa*, la graine grosse à peu près comme un petit pois est portée par un pédicule charnu, renflé en arille. C'est ce pédicule hypertrophié, soudé avec ses voisins, et multiplié en grand nombre, pendant que les graines avortent et se réduisent à de petites paillettes imperceptibles, qui forme la chair des bananes cultivées. J'ai eu l'occasion de voir au Muséum des fruits mûrs de *Musa Ensete;* l'arille charnue, quoique d'une amertume marquée, a quelque chose de la nature de la banane. La chair est beaucoup plus développée, en même temps que les graines sont plus rares dans les *Musa* sauvages de Cochinchine, qui semble la souche du bananier cultivé, dans le *Musa Fehi* des forêts d'Océanie. (Voyez fig. *Musa troglodilarum,* Rumphius.)

Ainsi, dans les espèces sauvages, tendance naturelle, chez plusieurs, à l'hypertrophie de la chair du fruit au dépens de la graine, et tendance à donner des rejets à la souche; chez quelques autres, point de rejets, beaucoup de graines, arille charnue petite.

Dans les bananiers cultivés, hypertrophie de la chair du fruit, atrophie absolue des graines, pousse active de rejets à la souche.

Il y a cependant quelques races de bananiers cultivés qui donnent quelques graines fertiles. On a notamment de ces races en Cochinchine.

Dans le singulier *Musa oleracea* de la Nouvelle-Calédonie, point de floraison, pousse très active à la souche de rejets volumineux qui s'utilisent comme légumes.

Peut-être ne serait-il pas impossible que le bananier cultivé, toujours stérile, fécondé par le pollen des espèces sauvages les plus voisines, pût donner quelques graines. Ce serait un essai d'horticulture fort intéressant. On sait que, dans les plantes cultivées, devenues stériles par excès de développement, la faculté génératrice mâle se perd avant la faculté femelle.

Cette disposition des plantes déviées par la culture à développer tel ou tel organe au dépens des autres, trouverait aussi bien des exemples en Europe que dans les pays éloignés. Ne voyons-nous pas des crucifères congénères, cultivées, les unes pour leurs graines oléagineuses, d'autres pour leur racine charnue, d'autres pour leurs pommes de feuilles: colza, navet, chou navet, chou rave, chou pomme, choufleur, chou de Bruxelles, etc.

Plantes cultivées pour leurs fleurs. — Il y aurait moins d'intérêt à s'étendre sur les fleurs que sur les plantes utiles. Au point de vue de la théorie, elles ont toutefois droit à notre attention ; car, tandis que l'origine des légumes ou des céréales se perd dans la nuit des temps, celle des fleurs d'agrément est souvent très récente, et on peut y suivre, en quelque sorte, pas à pas, les modifications imprimées au type sauvage par la culture jardinière.

Voici les principaux traits de ces modifications :

Fleurs plus grandes, à coloris varié. Multiplication des pétales et souvent alors avortement partiel ou total des étamines, déformation des carpelles, stérilité. Altération de la symétrie des corolles ; floraison souvent plus prolongée, floraison plus hâtive.

Disposition à produire des variétés par le semis.

Feuilles plus grandes, quelquefois plus divisées. Disposition des rameaux quelquefois un peu différente.

Plantes plus délicates, exigeant plus de soins. Disposition parfois à certaines maladies.

Quant aux procédés par lesquels les jardiniers obtiennent les variétés horticoles, on peut les résumer ainsi :

Semis répété de génération en génération en terre très fertile, très fumée, très ameublie ;

Multiplication très répétée par bouture, par rejets ou par greffe ;

Semis nombreux et sélection suivie et méthodique des porte-graines remarquables par une qualité déterminée ;

Fécondation artificielle par le pollen d'espèces différentes du même genre, ou de variétés distinctes de la même espèce.

Ce dernier procédé est aujourd'hui reconnu de beaucoup le plus puissant. C'est par lui qu'on ébranle promptement la stabilité d'un type spécifique, et qu'on le dispose immédiatement à la production d'une quantité indéfinie de variations horticoles.

Donnons quelques exemples :

Il serait superflu de s'étendre sur les fleurs doubles. La multiplication des pétales entraîne tout d'abord la diminution des étamines, puis leur déformation et leur avortement. Ce n'est qu'à la suite d'une multiplication des pétales plus excessive encore, que les carpelles se déforment et deviennent impropres à donner des graines.

Les fleurs doubles se fanent moins vite que les fleurs simples, parce que les phénomènes de fécondation ne s'y opèrent point, ou ne s'y opèrent que moins activement.

L'altération de symétrie peut se remarquer sur les geranium des fleuristes (*Pelargonium* des botanistes). Souvent la corolle a, par monstruosité, six pétales, les macules des pétales supérieurs s'étendent aux inférieurs, la différence de forme des pétales supérieurs et inférieurs tend à s'effacer, les pétales trop développés empiètent les uns sur les autres, et, au lieu de s'étaler librement, se chiffonnent. Telle est l'altération des formes, que l'on observe çà et là quelques fleurs à pétales absolument égaux, sans macules, présentant le type des géraniacées à corolle régulière. On voit surtout les fleurs anomales se produire en été ou à l'automne.

On remarquerait cette même altération de symétrie dans les pensées, les *Gloxinia*, etc., etc. Ces fleurs défigurées plaisent au public, qui juge des fleurs par la grandeur et l'éclat; mais les botanistes regrettent en elles la perte de ces formes sveltes et de cette exquise proportion des parties, qui se trouvent dans les fleurs naturelles.

Le genre *Fuchsia* est très intéressant à étudier au point de vue de l'histoire de la production des variétés. On sait à quelle date sont arrivées en Europe les différentes espèces de ce genre. D'abord on n'obtint que des variations peu importantes ; mais, à partir du moment où l'on put croiser les espèces par l'hybridation et féconder des fleurs par le pollen d'espèces sensiblement différentes, on obtint des variations si considérables, que la distinction des types originaires dans les variétés de culture est devenue plus que difficile.

Les fleurs d'agrément très perfectionnées sont toujours plus délicates que les types sauvages ; elles exigent une meilleure terre et beaucoup plus de soins. Il n'est pas douteux que, si on s'amusait à en planter quelques pieds, à côté des pieds sauvages, dans les localités même où la plante croît, ces pieds ne se maintiendraient pas et périraient probablement. Œuvres de l'homme, ils ne peuvent pas vivre sans lui.

La disposition de certaines variétés de culture aux maladies est notoire. Il y a une rose qui a toujours son feuillage altéré par l'oïdium parasite. On sait combien les roses des jardins sont plus infestées de pucerons que les églantiers des bois.

Considérations générales.

Après avoir parcouru le cercle des plantes cultivées, revenons sur quelques points qui méritent une attention particulière.

Maladies des plantes. — Il n'est pas de question plus actuelle que l'étude des maladies des plantes. A mesure que l'agriculture avance dans la voie brillante du progrès, ces maladies se multiplient, et la pratique n'a trop souvent que d'insuffisants palliatifs à leur opposer. La science est loin de pouvoir pénétrer encore leur nature, mais on peut conjecturer qu'elles proviennent le plus souvent :

Ou d'un excès de déviation organique des plantes, ou,

pour adopter le langage des horticulteurs, d'un excès de perfectionnement des races;

Ou d'une altération du sol arable privé de son terreau naturel par une trop ancienne culture, privé de certains sels par l'abandon des jachères et la répétition inconsidérée de cultures monotones et épuisantes, surchargé d'engrais animal par une fumure excessive.

Nous avons vu que les plantes cultivées sont toutes, à peu près, déviées de leur type primitif. Cette déviation est utile et profitable, puisqu'elle les rend plus hâtives, plus productives, plus propres à l'alimentation; mais cette déviation les rend aussi plus délicates, et le premier signe de cette délicatesse est qu'elles ne peuvent croître sans des soins de culture. A mesure que cette déviation organique s'exagère, les plantes deviennent plus délicates encore, et enfin, elles deviennent maladives.

Beaucoup de plantes ont déjà éprouvé de ces redoutables accidents. Qu'il me suffise de citer la pomme de terre, la vigne, l'olivier, la canne à sucre, le muscadier, le cacaoyer, le caféier, l'oranger, etc.

La maladie varie beaucoup dans ses manifestations, et sans doute aussi dans sa nature. C'est la pâleur des feuilles et leur flaccidité, la langueur des pousses, la dessiccation du bois, l'altération, la pourriture des tissus. Ce sont des cryptogames parasites, comme l'oïdium, ou des insectes qui s'attachent à la plante et se multiplient sur elle outre mesure; mais les cryptogames parasites et les insectes ne paraissent pas alors la cause première du mal. Ils ne se sont développés sur les plantes, que parce que les sucs végétaux avaient éprouvé une altération.

Ces maladies désolantes sont souvent locales, endémiques; quelquefois elles sont générales. On les voit parfois se montrer épidémiques et fugitives, et alors nous ne pouvons guère comprendre quelle peut être leur nature intime.

On voit que ces fléaux se produisent surtout quand on a trop multiplié la culture d'une plante, qu'on l'a pratiquée d'une manière trop exclusive ; quand on a imprimé à l'agriculture un caractère trop forcé et trop artificiel. Au témoignage de Pline, il se manifesta de ces maladies sous l'empire romain, alors que le luxe était extrême en Italie, et que certains propriétaires portaient la manie des travaux somptueux et exagérés jusque dans la culture de leurs terres. On en voit beaucoup en Europe de nos jours ; on en a vu et on en voit, sous des climats bien différents, aux Antilles, à Maurice, etc.

L'altération du sol, cause de maladie des plantes, a été envisagée par les chimistes, surtout dans l'épuisement de certains sels minéraux, dont la terre est plus ou moins pourvue ; les cultivateurs y ont vu plutôt la destruction du terreau végétal, terreau qui ne semble pas toujours par lui-même un engrais très puissant, mais qui paraît un aliment très sain pour le développement des plantes, et qui contient, il faut le dire, la plupart des sels minéraux nécessaires à la végétation.

Cherchons à caractériser l'état du sol dans trois formes très différentes de l'agriculture.

Dans l'agriculture primitive des peuples sauvages, chez lesquels la population est ordinairement très clairsemée, les cultures sont le plus souvent établies sur des défrichés de bois, et on en change assez fréquemment l'emplacement. Dans ces conditions, le sol est très riche en terreau végétal. Les plantes, sur les petites cultures enclavées dans la forêt ou dans les landes, poussent grandes et belles, sans toutefois acquérir un développement excessif. Elles sont très saines et ne souffrent guère que des déprédations des insectes et des bêtes sauvages.

Dans l'agriculture active, mais routinière, des pays surchargés de population et encore peu avancés dans la science agricole, les bois ont été détruits, les pâtures même n'occupent qu'un espace fort restreint. La terre, incessamment travaillée, est occupée par des cultures alimentaires. Le sol alors est très pauvre en terreau, les plantes y viennent assez chétives, grainent peu, mais elles sont généralement saines. Agriculture de la France avant 89, agriculture de l'Inde, de la Chine...., etc.

Dans l'agriculture active et savante, mais peut-être un peu forcée, culture intensive, *high farming* de l'Europe actuel; agriculture née à la fois du progrès des sciences et de l'excès de population, le sol reçoit une fumure excessive et est soigneusement façonné. Les plantes poussent avec une force extrême et donnent d'énormes produits. Mais, en regard des plus magnifiques résultats, quelques inconvénients se laissent entrevoir : certaines plantes deviennent malades, certains insectes se multiplient outre mesure.

C'est une question fort intéressante de physiologie végétale et de théorie agricole, de rechercher comment et pourquoi telles ou telles plantes s'accommodent mieux de tel ou tel état du sol. Il y a des plantes, dites vulgairement gourmandes, qui prospèrent d'autant mieux que la terre est plus fumée; il y en a de délicates, qui veulent un sol meuble, riche en terreau végétal, et qui sont brûlées par l'engrais. Beaucoup d'arbres et d'arbustes sont dans ce cas.

Il est probable que la respiration est plus ou moins active chez les divers végétaux, et si l'on suppose qu'une plante n'ait pas besoin de beaucoup d'oxygène, au moins pour ses racines, on comprendra comment elle peut plonger ses racines jusque dans le sous-sol et utiliser une grande profondeur de terre.

Il est encore vraisemblable que les différents végétaux opposent une résistance organique très inégale à la pourriture. Certains végétaux forts et avides ne craignent nullement une terre argileuse et compacte et de grosses masses d'engrais. Certaines plantes délicates affectionnent les sols analogues à la terre de bruyère des jardiniers, qui sont très poreux, qui filtrent l'eau très parfaitement, et dont le terreau noir, issu en partie des détritus des mousses et notamment des sphagnum, possède une vertu anti-septique particulière.

Les divers végétaux aquatiques ont également des eaux spéciales qui leur conviennent. Les botanistes savent que c'est dans les eaux limpides des terrains granitiques ou siliceux que croissent diverses plantes rares. Les personnes qui ont tenu des jardins botaniques savent que certaines plantes sauvages de France sont très difficiles à conserver, notamment les orchidées, les plantes des marais tourbeux, celles des Alpes.

C'est en général à la température qui convient le mieux à leur nature, que chaque plante offre à la pourriture le plus de résistance : celles des hautes montagnes, par une chaleur de + 5 ou + 12°; celles des pays chauds, par une chaleur de + 25.

Là où la température n'est pas convenable, un sol poreux et riche en terreau végétal est très utile pour conserver les plantes. C'est pour cela que la terre de bruyère est si employée dans les serres et dans les massifs d'arbustes exotiques. Je ne puis me défendre de sourire, quand je vois donner dans les serres une terre savamment préparée à des plantes de la Guyane, que j'ai vues dans le pays croître dans un sol gras et compact comme de l'argile de potier, sol sujet à de fréquentes inondations, pendant lesquelles il reste des mois entiers submergé d'un ou deux pieds d'eau.

Les plantes résistent plus ou moins à l'excès d'engrais animal : le blé en tolère une dose qui ferait périr la pomme de terre. Les plantes sauvages, qui croissent dans les rues et autour des maisons, en supportent des doses énormes.

Il faut cependant regarder les terres trop fumées comme malsaines. Depuis l'apparition de la maladie de la vigne, les treilles ont toujours été infiniment plus malades que les vignobles. La pomme de terre, les années où la maladie sévit, a bien plus de mal dans les terres grasses et fumées que dans les champs pauvres et pierreux. Les églantiers, dans les bois, n'ont pas le blanc (oïdium) comme les rosiers dans les jardins. Les pois ne l'ont pas, en plein champ, comme dans un potager.

Qu'il me soit permis de faire ressortir en quelques lignes la rusticité merveilleuse de nos plantes sauvages de France, cette vie puissante et cette stabilité, que nous avons sous les yeux, et que nous dédaignons d'admirer. Les sols les plus pauvres, sables purs, amas de roches, ont leur végétation. Les plantes supportent les longs hivers, le retour perfide des gelées au printemps, les sécheresses de l'été. Les plantes paludéennes souffrent de longues immersions d'eau ; les espèces rupestres d'extrêmes sécheresses ; les espèces sylvicoles une ombre épaisse. Toutes résistent à la concurrence impitoyable de plantes serrées autour d'elles et disposées à les étouffer.

Sur les Alpes, un long hiver couvre d'un manteau de neige la végétation ; pendant l'été, des nuits froides succèdent à un soleil brillant ; une eau glacée irrigue les racines. Sur les limites des glaciers, il y a des touffes de plantes, qui dorment parfois plusieurs années sous la neige, jusqu'à ce qu'une année plus chaude leur apporte un peu de jour et de chaleur.

Dans la région désertique, les végétaux, grâces à leurs puissantes racines, à leurs feuilles petites et caduques, à leur épiderme épais, à leurs rameaux durs et secs, supportent d'ardentes sécheresses. On y voit quelquefois aussi des plantes passer une année sans végéter, si les faibles pluies, que ramènent l'automne et l'hiver, ont manqué.

Sous l'équateur, les savanes sont submergées d'eau pendant plus de six mois. Il y a dans les forêts des parties basses, qui éprouvent de semblables submersions. Les insectes s'attachent aux plantes en tel nombre, qu'il est souvent difficile au botaniste de trouver pour son herbier un rameau où les feuilles ne portent pas la trace de leur morsure. Les lianes et les épiphytes s'attachent au tronc des arbres.

Qu'est-ce dans notre agriculture européenne que la pratique de rotation des cultures? Sinon le plus souvent l'alternance de plantes plus sauvages et plus rustiques, avec des céréales ou des légumes plus productifs, mais plus exigeants et plus délicats.

Si les soins et les artifices de la culture ont la puissance d'imposer aux plantes des déviations organiques importantes, la diversité des climats peut-elle agir de la même manière?

J'en doute, et cependant je dois avouer que quelques faits semblent indiquer qu'une longue culture sous un climat différent a pu très légèrement modifier une plante cultivée. Il est vrai que dans d'autres cas la modification ne s'est nullement produite. En cette matière, les faits bien observés sont rares dans les archives de la science, et les expériences sont difficiles à faire, parce qu'il faut des périodes d'années.

Le climat a indubitablement une influence sur le développement des plantes, mais il paraît agir sur l'individu et non sur l'espèce. Une plante, suivant le climat, pousse plus vigoureuse ou plus faible; son développement est plus rapide ou plus lent; sa fructification est plus abondante ou plus rare. Sous des climats extrêmes, son évolution peut être tout-à-fait altérée, elle peut devenir incapable de fleurir ou de donner des graines. Il est plus que probable que le retour dans le climat naturel ramène immédiatement la plante à sa forme naturelle. Je doute que les légères altérations de formes que le climat peut produire puissent se transmettre par graines, ou même par bouture. Si quelque chose en subsiste, cette nuance s'effacera en quelques générations.

Les faits bien constatés sont si rares, que je me laisse aller à en citer quelques-uns.

J'ai semé dans mon jardin, en Bourgogne, des graines de *Sonchus oleraceus* tirées de la Guadeloupe, où cette plante s'est naturalisée, et où elle croît dans les champs jusqu'à la côte, comme j'ai eu l'occasion de le voir à Basse-Terre. Ce *Sonchus* ne s'est pas montré plus sensible aux petites gelées d'automne que le *Sonchus* spontané du jardin.

J'ai semé dans le même jardin des graines de *Datura tatula* tirées de la Guadeloupe. La plante n'a pas paru plus sensible aux temps frais d'automne que d'autres *Datura.*

Le fait que le blé de mars peut en quelques années être changé en blé d'hiver, et *vice versâ,* semble au contraire établir que le climat peut imprimer aux végétaux une légère modification susceptible de se transmettre par hérédité. (Voyez Godron : *De l'Espèce,* t. II, p. 73.)

J'ai reçu de la Guadeloupe, de mon ami le docteur Duchassaing, des variétés de haricot annuel *Phaseolus vulgaris,* qui sont certainement de même souche que nos haricots de France. Elles sont grêles et le grain en est singulièrement petit ; si petit qu'il me paraît que la plante a en quelque sorte rétrogradé sous un climat qui fait pousser les légumes d'Europe, petits et chétifs. Je me propose de cultiver ces haricots en Europe, comme je les ai cultivés autrefois à la Guyane.

La pomme de terre, depuis son introduction en Europe, paraît s'être graduellement modifiée. Elle est devenue plus hâtive et plus productive; sa tige feuillée se sèche plus promptement.

La canne à sucre fut portée jadis du Nord de l'Inde en Egypte, dans le Nord de l'Afrique, en Sicile et en Andalousie. Elle fut portée d'Andalousie aux Canaries, et des Canaries aux Antilles. Il semble qu'aux Antilles la plante prit de la force et de l'ampleur; car, parmi les variétés de canne créole que la canne de Taïti remplaça presque partout, il n'y en avait aucune qui fût grêle et chétive, comme sont les cannes du Nord de l'Inde. On sait que la canne ne se multiplie que de bouture, et qu'elle ne donne jamais de graines fertiles.

Les botanistes savent que les plantes de l'Europe tempéré qui prolongent leur habitat sur les froides hauteurs des Alpes et dans les plaines chaudes et sèches de la région méditerranéenne, présentent en général quelques nuances propres dans ces diverses régions. Dans les montagnes, les tiges sont plus basses, les fleurs sont volontiers plus grandes et plus colorées; dans la région des oliviers, les tiges sont le plus souvent un peu moins élevées, les feuilles sont un peu plus petites, et portent un duvet ou des poils plus abondants. Ces légères modifications se transmettent par hérédité, et, quoique les individus cultivés dans les jardins botaniques venus sous un autre climat et dans un sol meilleur, ne rappellent jamais tout le facies des pieds sauvages, ils gardent quelque chose de propre et l'on y reconnaît la race alpestre et la race méditerranéenne.

Il faut dire qu'il ne s'agit plus ici d'un acclimatement de quelques années ou de quelques siècles. Il est impossible d'assigner une date à la première apparition de la plante sauvage dans telle ou telle région, et cette apparition, bien antérieure à l'origine de l'homme, s'est passée à des époques où ont pu s'exercer des forces qui n'agissent plus aujourd'hui.

Les plantes annuelles des pays chauds, cultivées dans un climat plus tempéré et plus riche en lumière, poussent avec plus de lenteur, mais développent souvent des feuilles plus amples et éprouvent une sorte d'hypertrophie. Je l'ai observé sur le maïs, le sorgho, la pastèque, l'*Amaranthus spinosus,* cultivés successivement par moi en France et à la Guyane.

La tomate et l'aubergine éprouvent bien plus difficilement dans les pays chauds que dans les climats tempérés cette hypertrophie des fleurs, qui se manifeste par le dédoublement latéral des pétales. Cependant la patate, cultivée à la Guyane avec fumure, m'a offert quelques tiges fortement fasciées.

Il serait fort intéressant que quelque botaniste s'appliquât à cultiver simultanément de mêmes espèces, cultivées ou sauvages, tirées de climats très différents, et observât soigneusement si la longue habitation dans une région peut imprimer aux végétaux une légère nuance capable de quelque stabilité.

C'est, comme je l'ai dit déjà, par les semis répétés en sol très fumé, par la sélection attentive des types reproducteurs, par l'hybridation, par le bouturage réitéré, par la taille, la greffe, les semis en saison particulière et la culture sous de nouvelles zones, que l'on arrive à modifier utilement les plantes. A mesure que la physiologie végétale fera de nouveaux progrès, la pratique s'enrichira sans doute de méthodes nouvelles, plus précises et plus efficaces. On arrivera à produire des déviations remarquables, en stimulant à propos certains organes et affaiblissant à dessein certains autres, comme par exemple, en plaçant les racines et la tige, dans des conditions inégales de nutrition; inégalité de température, d'humidité, taille exécutée à propos sur telle ou telle partie du végétal, succession bien combinée de chaleur sèche et humide, emploi d'agents chimiques ou physiques, etc.

J'ai remarqué que beaucoup de plantes annuelles des pays chauds, quand on les porte à la limite Nord de leur aire de végétations, tendent à ralentir leur évolution, mais à pousser de plus larges feuilles. Cette disposition pourra être utilisée en vue d'arriver plus facilement à l'hypertrophie.

L'horticulteur intelligent s'appliquera à comprendre le caractère et en quelque sorte le génie particulier de chaque plante, pour savoir pousser chacune dans la voie de perfectionnement que sa constitution la rend plus susceptible de suivre.

Avant que l'homme ne déviât certaines plantes vers l'exagération de la racine, des feuilles ou de la graine, ces plantes avaient une disposition naturelle vers la prédominance de l'un ou l'autre de ces organes. Il y a des plantes sauvages qui grainent beaucoup et d'autres qui se multiplient surtout de stolons souterrains ou de rejets latéraux de souche. Il y a des plantes qui fleurissent assez rarement; les botanistes peuvent même en citer trois ou quatre dont on n'a jamais observé la fleur (certains *Lemna*).

Le lien héréditaire est plus ou moins serré chez les végétaux. Certaines espèces annuelles qui portent des graines grosses et peu nombreuses, et qui ont une évolution courte, montrent des phénomènes d'hérédité très sensibles. D'une graine petite et chétive ne saurait, pour elles, sortir un pied vigoureux. Chez d'autres plantes, donnant des graines menues et nombreuses, il n'en est pas de même. Là où l'hérédité est plus manifeste, la sélection des graines est le moyen le plus naturel de perfectionnement.

Les personnes qui voudront se faire une idée de l'efficacité de l'hybridation pour produire des races végétales perfectionnées, devront lire l'intéressant ouvrage de M. Lecoq : *De la fécondation naturelle et artificielle des végétaux et de l'hybridation*. M. Lecoq remarque avec raison que certains hybrides ont une force de végétation remarquable, que la reproduction gemmipare tend à prédominer chez eux sur la reproduction sexuelle, et il ajoute, ce qui rentre complètement dans l'ordre d'idées qui domine mon travail : « Il y a chez les végétaux comme chez les animaux lutte et balancement entre ces deux modes de reproduction de l'espèce. »

Des races sauvages et des races domestiques chez les animaux ; des types dits très perfectionnés dans les animaux domestiques.

L'homme a demandé aux animaux, qu'il réduisait en domesticité, de la viande de boucherie, de la graisse, de la laine, l'exaltation des facultés de reproduction, une sécrétion exagérée et prolongée de lait, la ponte de beaucoup d'œufs. Il leur a demandé du travail musculaire, soit à petite, soit à grande vitesse. A tous, il a demandé de la docilité, une humeur pacifique et sédentaire.

Sans entrer dans le détail des résultats de la domestication pour chaque espèce animale, nous pouvons affirmer les propositions générales suivantes :

L'exagération considérable de la faculté de nutrition, l'aptitude à une prompte fabrication de beaucoup de viande et de graisse, entraînent l'exagération de l'appétit et l'exigence d'aliments plus choisis, la faiblesse des organes de locomotion, la stupidité et la timidité. Elle amène volontiers l'amincissement de la peau et sa décoloration, l'amincissement des os.

L'exaltation des facultés de reproduction entraîne l'exigence d'une nourriture plus abondante et meilleure, un certain degré de débilité des organes musculaires, la timidité.

L'exagération des forces musculaires entraîne l'exigence d'une nourriture meilleure, plus stimulante et plus copieuse. Dans certains cas, elle amène une disposition des articulations à s'engorger à un âge peu avancé et à perdre leur souplesse; quelquefois elle rend la peau plus irritable, plus accessible à l'influence des variations atmosphériques.

En général, les races domestiques très perfectionnées sont délicates. Elles ne peuvent supporter la vie en plein air, elles exigent une nourriture très choisie et abondante. Elles sont plus exposées aux maladies, très peu capables de supporter les fatigues et les privations. Sous des climats qui ne leur conviennent pas complètement, elles sont d'un très mauvais usage.

Qu'il me suffise d'appuyer ces propositions de quelques exemples.

Le porc est certainement l'animal qui a été le plus profondément modifié par l'homme, en vue d'obtenir une prompte production de viande et de graisse.

En le même temps où un porc domestique prendra 100 kilog. de poids vivant, un petit sanglier, élevé dans les mêmes conditions de stabulation et de nourriture, n'arrivera qu'au poids de 40 kilog. J'ai connu des personnes de la campagne qui ont eu la curiosité d'élever ainsi de jeunes marcassins pris dans les forêts; elles s'étonnaient combien la nourriure leur profitait peu. Et cependant le sanglier paraît la souche du cochon domestique d'Europe.

Dans les pays lointains où le porc est élevé, non pas en

stabulation, mais en liberté dans les savanes, et où il doit souvent pourvoir par lui-même, sinon totalement, au moins en forte partie, à sa nourriture, la taille des animaux, leur prompte croissance, leur aptitude à prendre la graisse, diminuent beaucoup. Qu'il me suffise de citer à cet égard la Caroline du Sud, toute l'Amérique intertropicale, le Chili. Quand dans ces contrées des émigrants européens veulent élever avec quelque succès des porcs à la manière d'Europe, ils sont obligés de faire venir des animaux d'Europe et d'en conserver soigneusement la race.

Plus près de nous on pourrait citer la petite race porcine des montagnes de l'Ecosse, comme un exemple de la diminution de taille et d'aptitude à l'engrais qu'entraînent une nourriture trop chétive et le retour partiel aux habitudes de la vie sauvage.

Sous des climats extrêmes, très froids et très chauds, on ne peut pas obtenir de l'élève du porc, quelques soins qu'on lui donne, des résultats comparables à ce qu'on en obtient en Europe.

L'exagération de la force organique de croissance et de nutrition a été accompagnée, dans la transformation par la domesticité de cet utile animal, d'une exagération de la fécondité.

La race bovine a été utilisée par l'homme comme bête laitière, comme bête de boucherie, et enfin comme bête de travail.

Le volume des mamelles s'est accru, et la sécrétion du lait est devenue abondante et prolongée, en sorte que la vache, privée de son veau, en fournit en grande quantité jusqu'à ce qu'elle approche du moment de mettre bas. Les fonctions de reproduction s'exercent avec un surcroît d'activité, et la vache devient toujours pleine, peu de temps après avoir vêlé.

Toutes les races bovines d'Europe sont très supérieures comme bêtes de boucherie aux animaux semi-sauvages des savanes d'Amérique; mais, en Europe même, les races spéciales de boucherie, capables de prendre jeunes beaucoup de viande et de graisse, sont très supérieures de poids, de qualité et de précocité aux bêtes ordinaires. Cet accroissement de la force de nutrition entraîne l'amincissement de la peau, la lourdeur des mouvements et le peu d'aptitude au travail, l'exigence d'une nourriture plus abondante et plus riche.

Les animaux propres au travail ont les formes plus sèches et plus accusées, les os plus forts, les mouvements plus vifs.

Il est assez difficile d'établir un parallèle rigoureux entre les races bovines domestiques et celles qui sont revenues à un état semi-sauvage. C'est qu'on ne trouve ces dernières que dans des pays lointains, fort différents de l'Europe par le climat et la nature des pâturages, et qu'il est assez difficile de faire chez elles la part de l'influence du genre de vie, et celle des conditions climatériques.

C'est principalement dans les pays chauds qu'on trouve des bêtes à cornes élevées en semi-liberté dans de vastes savanes. En général, la taille des animaux est faible, leur couleur est peu variée, leurs formes sont sèches, et ils sont très peu propres à prendre la graisse. Le plus souvent les vaches ne font qu'un veau en deux ans; elles ne donnent que très peu de lait, et, si on leur enlève leur veau, la sécrétion lactée tarit. Aussi a-t-on l'habitude de le leur laisser, et se contente-t-on de séparer le veau de la mère pendant la nuit, pour traire la mère le matin.

Là où la chaleur est excessive et où les pluies sont continuelles, les bêtes sont sans vigueur, et les troupeaux ne multiplient que dans des localités choisies, et au prix de soins assez grands. C'est ce que l'on voit à la Guyane.

Dans des pays un peu moins chauds et plus secs, les animaux sont plus rustiques, d'une meilleure santé, d'une multiplication plus rapide. Le cuir est plus fort. Les bêtes sont plus sujettes à vagabonder et d'une humeur plus farouche. La sécrétion lactée est un peu plus abondante.

L'action du climat est là si évidente, que si l'on amène des vaches laitières d'Europe dans les pays chauds, elles fournissent immédiatement un peu moins de lait, et qu'à la seconde ou troisième génération, elles en donnent moins encore.

Si en Europe nous ne retrouvons pas de troupeaux tenus dans une liberté aussi absolue qu'en Amérique, il y a cependant des localités où le lien de la domesticité est réellement fort relâché, comme la Camargue (prairies naturelles du delta des Bouches-du-Rhône), certains endroits de la Hongrie, etc. Dans d'autres contrées, les bêtes à cornes sont tenues dans une domesticité plus étroite, mais elles doivent chercher leur pâture dans des landes, où le fourrage est grossier et peu abondant. Tel serait le cas de la Bretagne.

Les bêtes de la Camargue (j'ai eu autrefois l'occasion de visiter très rapidement ce pays), sont célèbres par leur humeur farouche, leur rusticité, leur cuir épais. Elles vivent dans des conditions vraiment un peu analogues à celles des savanes d'Amérique.

Les bêtes de Bretagne dont on voit çà et là dans toute la France quelques échantillons entretenus, peut-être un peu comme objet de curiosité, sur les propriétés de riches amateurs d'agriculture, sont très petites, sveltes et élégantes de formes, très sobres et cependant bonnes laitières. Leur taille est inférieure à celle des bêtes à cornes de l'Orénoque et du Para, ce qui est la conséquence de leur chétive alimentation; mais elles donnent, relativement à la quantité de fourrages qu'elles consomment, une quantité satisfaisante de lait de très bonne qualité.

La race bovine d'Algérie est petite de taille et rustique. Je ne pense pas qu'elle soit remarquable comme bête laitière ou bête de boucherie.

Le cheval, là où il est revenu à quelque degré, aux conditions de la vie sauvage, présente une taille assez faible. Ses articulations sont très saines, ses jambes sont assez fines, malgré le poil souvent épais et grossier qui les couvre, le sabot est dur et résistant. Les forces sont médiocres. L'animal a plus d'aptitude à courir qu'à traîner lentement de lourdes charges. Le pied est très sûr, même dans les plus mauvais chemins. La couleur du poil tend à être uniforme et à se rapprocher du brun ; le poil, suivant le climat et le pâturage, est plus ou moins long, plus ou moins dur. Les animaux sont d'une sobriété remarquable, et font preuve d'intelligence pour trouver l'eau, chercher les pâturages, se défendre de leurs ennemis.

Le cheval dans la domesticité a été dirigé vers deux types principaux :

Le cheval de trait lent, aux formes lourdes, massives et puissantes, aux muscles volumineux, aux os épais et spongieux, aux articulations moins serrées, aux viscères abdominaux très développés, aux poils longs et grossiers ;

Et le cheval fin, aux formes sveltes et élancées, aux muscles moins volumineux mais plus fermes, à la poitrine profonde et à l'abdomen peu saillant, au poil fin, à la peau fine et irritable.

L'un et l'autre type ont des aptitudes opposées, mais

l'un et l'autre sont plus délicats que le cheval sauvage et que les petites races rustiques des localités peu avancées en agriculture.

Le premier veut une nourriture riche et abondante; le second veut une nourriture très riche sous un petit volume et une température habituelle douce ou chaude, toujours un peu sèche, favorable au libre exercice de la transpiration cutanée. L'un et l'autre sont plus sujets que les types semi-sauvages à certaines maladies de la peau, des yeux, des articulations.

On a remarqué que, de même que les chevaux de race très perfectionnée supportent très mal les conditions de la vie semi-sauvage, soit l'exposition aux intempéries atmosphériques et une alimentation grossière et chétive, les chevaux, élevés dans ces conditions, supportent très mal la stabulation habituelle. Les chevaux arabes se comportent mal au régime de nos écuries, et beaucoup y périssent.

Le mouton n'a pas été dirigé par l'homme dans les voies d'une spécialisation aussi variée et aussi extrême que le gros bétail.

Le cultivateur lui demande une toison fine et abondante, une prompte croissance en chair et même en graisse, une rapide multiplication. Il apprécie surtout en lui une bête rustique, sociable, docile, propre à pâturer une herbe courte et rare, propre à vivre en grands troupeaux sous la surveillance d'un seul berger. Par cela même que le mouton est une bête de petite taille et qu'il ne s'élève qu'en troupeau, l'homme n'a pas été conduit à accroître beaucoup sa stature, en exagérant son alimentation, encore moins à augmenter ses forces musculaires.

Il est évident que ce n'est point sur une seule et même race qu'on trouve à la fois la plus fine toison, la plus prompte croissance en chair, la plus rapide multiplication, mais sur des races différentes; une qualité poussée à l'extrême se prêtant rarement à coëxister avec une autre.

Il est plus évident encore que la grande rusticité et la sobriété extrême ne sauront appartenir aux races fines.

On cite le mérinos pour la beauté de la toison, certaines races anglaises pour la prompte production de la viande de boucherie, la race *ong ti* de Chine pour la grande fécondité.

Quelle que soit la souche sauvage du mouton, il est évident que la domesticité lui a fait perdre beaucoup de son agilité, de ses forces musculaires et de son instinct naturel. Il a été spécialisé en vue de l'accroissement de ses forces organiques digestives, de sa toison, de sa docilité et de sa sociabilité.

On a remarqué que certains climats et certaines pâtures exerçaient une influence remarquable sur la taille et les formes du mouton, sur la nature de sa toison, sur son aptitude à se charger de graisse.

On peut citer le lapin domestique comme l'exemple le plus remarquable de l'accroissement de la fécondité.

Dans les oiseaux soumis à la domestication, le résultat le plus frappant des nouvelles conditions d'existence qui leur ont été imposées est la multiplication singulière de la ponte des œufs. En même temps que la faculté de reproduction s'exaltait, les forces musculaires perdaient beaucoup de leur énergie.

Chez plusieurs oiseaux, la domestication est encore peu ancienne, et on connaît avec certitude la souche sauvage dont on les a tirés. On peut donc établir avec toute sécurité un parallèle très instructif entre l'état sauvage et l'état domestique, et constater quelles facultés s'exaltent pendant que d'autres se dépriment; quelles espèces se prêtent plus facilement à d'utiles transformations; quelles autres s'y prêtent moins, ou même y résistent.

En général, les deux plus graves obstacles que l'homme trouve à la domestication des oiseaux sauvages, sont l'humeur vagabonde et farouche, et la ponte trop rare des œufs. A la Guyane, on a, dit-on, essayé quelquefois d'élever dans des basses cours les grosses perdrix (*Tetras*) du pays; on donnait à couver à des poules des œufs trouvés dans les bois. Les petits, à peine éclos, se sauvaient et retournaient dans les forêts. Le hoco a une humeur douce et sociable, mais il ne pond pas, dit-on, en domesticité, et, pour le déterminer à y pondre, il faudrait probablement lui donner des soins particuliers.

Si nous cherchons à résumer en quelques traits le parallèle des animaux sauvages aux animaux domestiques, nous affirmerons sans hésitation les propositions suivantes :

Les animaux sauvages, avant tout, excellent à vivre dans les conditions de nourriture souvent chétive et incertaine, de mouvement perpétuel, d'exposition aux intempéries atmosphériques où la nature les a placés; mais leurs facultés n'ont pas de superflu que l'homme puisse utiliser facilement à son avantage.

Leurs formes sont régulières et correctes; une juste proportion est établie entre tous leurs organes et toutes leurs facultés organiques. L'obésité est chez eux inconnue; leurs articulations sont très saines. Les maladies des yeux, les maladies de la peau paraissent chez eux rares. Leurs dents sont fortes et leurs muscles ont une vigueur remarquable. Un pelage abondant, adapté au caractère du climat, les recouvre.

La reproduction s'effectue chez eux à des saisons déterminées de l'année, saisons où, sous l'influence d'une température plus douce ou d'une nourriture momentanément plus abondante et meilleure, les facultés organiques éprouvent un surcroît d'expansion.

En général, sous un même climat, dans une même contrée, tous les individus d'une même espèce présentent une remarquable uniformité de formes, de taille, de couleur; d'un climat à un autre on peut observer de légères différences, portant de préférence sur la couleur, le pelage, et à un certain degré aussi, sur quelque léger détail des formes ou des habitudes.

Les animaux domestiques ont été déviés dans des sens divers, au profit de l'homme qui les a assujétis. La taille a été accrue ou diminuée, les formes ont pris plus d'ampleur, les muscles sont devenus plus volumineux, l'aptitude à l'obésité s'est produite. La reproduction est devenue plus active. La même espèce s'est subdivisée en types différents.

Ce que le naturaliste peut constater en les étudiant, c'est que l'exaltation d'une faculté organique a toujours été accompagnée chez eux de la dépression d'une autre faculté. La sobriété, la rusticité, l'agilité, le courage, la variété des instincts ont subi une diminution évidente, pendant que se développaient outre mesure les aptitudes que l'homme voulait utiliser.

Cette inévitable loi de compensation se retrouve dans la comparaison des races dites très perfectionnées avec les races ordinaires. Les agriculteurs pratiques savent que ces races très perfectionnées sont délicates, et ils ne les admettent dans leur bétail qu'autant que la fertilité de leurs terres et l'état avancé de leurs cultures le comportent.

Ils n'ignorent nullement que, sur des pâtures chétives, les grandes races déclinent et languissent, que, dans de mauvaises conditions de climat, de nourriture, de logement, les animaux fins dépérissent et même succombent.

En général, l'homme dévie l'organisme vers l'exaltation de telle ou telle faculté par une nourriture exagérée, combinée avec l'exercice de cette faculté et l'inertie des facultés qui peuvent se balancer avec la première.

Ainsi on conduit à l'obésité par une riche nourriture, combinée avec le repos et la castration; à l'accroissement des forces musculaires par une nourriture riche et stimulante, combinée avec un exercice actif sans être excessif, avec un régime entretenant la facile perspiration de la peau et sa sensibilité, entretenant l'actif exercice des organes respiratoires.

La sélection intelligente des types reproducteurs assure le progrès graduel de la déviation organique. C'est en choisissant intelligemment des reproducteurs doués de qualités éminentes, et continuant avec persévérance de soumettre les animaux à un régime déterminé, qu'on arrive à constituer des races.

Il faut dire toutefois qu'on confond trop facilement, sous un même terme, ces races artificielles et récentes avec les races originelles, qui se présentent avec une distribution géographique déterminée et qui sont de vrais sous-types naturels.

Ces dernières sont bien plus stables et ont réellement une bien plus grande importance en zoologie.

La loi de compensation ou de balancement des facultés, si manifeste dans le parallèle des races domestiques et des races domestiques perfectionnées, avec les types sauvages, peut encore se reconnaître, au travers de la variété des formes organiques, dans le parallèle entre eux des animaux domestiques différents.

Le bœuf se contente d'une nourriture moins recherchée

que le cheval, parce qu'il est moins capable de mouvement.

Le mouton convertit plus activement encore en chair le fourrage, parce qu'il exerce encore moins ses facultés de locomotion, et que tous ses instincts ont subi une sorte d'atrophie, qui a profité à l'exaltation de la nutrition organique.

Le porc représente la plus puissante croissance en chair et en graisse et la plus active reproduction, parce qu'il ne se donne que très peu de mouvements, que sa peau a peu de vitalité, et que tous ses instincts se sont atrophiés au profit du développement de l'appétit et des facultés digestives.

La poule a pu se prêter à un prodigieux développement de la ponte, parce qu'elle n'a pas une locomotion très active, et que, tout en mangeant beaucoup, elle est peu portée à la graisse.

Le pigeon, qui est capable d'un vol énergique et qui se reproduit activement, mange relativement plus que la poule et son élève n'est avantageux que parce qu'il cherche lui-même une partie de sa nourriture. La prodigieuse rapidité de croissance de ses petits est sa faculté organique la plus remarquable.

Les types originaires des divers animaux domestiques présentaient d'eux-mêmes, à l'état sauvage, la prédominance naturelle de telle ou telle faculté, et c'est en raison de ces dispositions natives que l'homme a particulièrement cultivé chez les uns ou les autres telle ou telle aptitude.

Quoique dans ce travail je ne me sois proposé que de comparer chez les animaux l'état sauvage à l'état de domesticité, je suis conduit, malgré moi, à parler un peu de l'influence sur les animaux des climats et des localités. Il est rare, en effet, que, dans les exemples que l'on peut citer, les influences n'aient pas été multiples, et, en outre, le changement de climat peut être un moyen de transformation employé par l'éleveur.

On peut admettre que la plus puissante vitalité organique, le plus beau développement des facultés, s'observe sous le climat natal de l'espèce et sous les climats de température et d'hygrométrie analogues. Sous des zones beaucoup plus froides, ou beaucoup plus chaudes, l'organisation ne saurait plus présenter la même force et la même flexibilité; on peut y obtenir des races bizarres, plus ou moins acclimatées, plus ou moins adaptées, notamment par la surabondance ou la rareté du système pileux, à ces températures extrêmes, mais on ne saurait y produire des races puissantes et vraiment utiles sous tous les climats.

Cependant cette expression de climat natal est déjà vague, car les circonscriptions zoologiques sont souvent d'une grande étendue, et, du Nord au Midi, d'une localité sèche à des lieux humides, de lieux fertiles à des contrées pauvres, les conditions d'existence peuvent y être très sensiblement différentes. Il est curieux de suivre la même espèce dans ces différentes conditions.

Le sanglier, qui cependant remonte peu au Nord, diminue très notablement de volume en avançant vers le Midi. En Algérie, il est petit et peu redoutable au chasseur. Je lis avec surprise dans Godron (*De l'Espèce,* t. I, p. 374), que les cochons marrons de la Guyane, d'après un examen fait sur des peaux sèches par de Blainville, sont presque identiques au sanglier d'Europe. Ils m'ont paru beaucoup plus petits, leur poil est moins touffu et d'une couleur beaucoup plus claire; ils n'ont ni la même force, ni la même vitesse.

Les grands carnassiers, lion, tigre, jaguar, paraissent plus timides dans les climats très chauds et très humides que dans les contrées chaudes et sèches, et surtout que dans les pays tempérés.

Le lièvre diminue de taille en allant du Nord au Midi, de Russie en Allemagne, d'Allemagne en France, de France en Espagne sa taille va s'amoindrissant. Il est un peu plus grand dans les Alpes que dans la plaine.

Les chasseurs, qui ont beaucoup pratiqué la chasse à courre, affirment que d'une localité à une autre, le cerf, le chevreuil et les autres animaux, ont une vigueur et une ténacité à la course très inégale, et sont par conséquent plus ou moins difficiles à forcer. En général, c'est dans les localités sèches, battues des vents, d'une chaleur tempérée, d'un sol ne manquant pas de fertilité mais pierreux, garni d'une herbe courte et nourrissante, que les animaux montrent l'agilité et les forces musculaires les plus remarquables.

A la Guyane les daims sauvages du pays ne peuvent courir que très peu de temps et sont haletants après une courte poursuite.

En Algérie les oiseaux de même espèce sont généralement plus petits qu'en France.

Quelques considérations sur l'homme, étudié chez les peuples sauvages et dans les principales conditions sociales des nations civilisées.

Quoique la logique scientifique invite sans cesse à mettre l'homme en parallèle avec les animaux, on éprouve toujours quelque embarras à bien définir ces sortes de comparaisons.

Semblable aux animaux par le corps, l'homme est absolument différent d'eux par les facultés mentales. Un élément nouveau s'ajoute chez lui aux organes; une âme intelligente, capable de bien et de mal, immortelle, est attachée au corps qu'elle anime, y modifie l'exercice des facultés physiques, y réclame, pour l'exercice de son activité, une certaine coopération physiologique des organes et spécialement des centres nerveux.

Il faut donc apporter une grande prudence dans les appréciations que ce parallèle soulève.

Mais, cette réserve faite, quel homme, un peu versé dans les sciences, ne sentira quel concours précieux de documents la connaissance des animaux et l'expérimentation physiologique apportent à la connaissance de l'homme?

Celui qui réfléchira à ce double phénomène de l'influence exercée par l'âme sur le corps et de la coopération active demandée par l'âme aux organes, comprendra mieux pourquoi les maladies graves de l'homme sont plus fréquentes, plus prolongées, plus susceptibles de guérison, que celles des animaux; pourquoi l'homme est plus délicat que les animaux, réclame une meilleure nourriture, le confortable d'un logement et de vêtements; pourquoi, au milieu de conditions extérieures variables, il est plus stable dans ses formes et ses aptitudes.

Nous devons donc nous attendre à retrouver chez l'homme tous les phénomènes physiologiques que les animaux nous présentent, mais nous devons nous attendre à les y trouver toujours plus ou moins modifiés; c'est la conséquence de sa double nature.

J'ai intitulé ce chapitre quelques considérations.... C'est que, sans entreprendre de traiter régulièrement ce grave sujet, je veux me borner à présenter sommairement quelques remarques, à faire ressortir quelques analogies.

Si nous cherchons à définir, dans ce qu'elle a d'essentiel et de général, l'influence sur le développement de l'homme de la vie sauvage et des diverses conditions sociales de la civilisation, commençons par reconnaître que la distinction des races dans le genre humain est antérieure en date et supérieure en importance aux modifications que peut produire le genre de vie. Ne nous laissons donc pas aller à comparer, comme types absolus des états sociaux différents, des hommes de races différentes, sans tenir compte du caractère moral, si profondément distinct des races.

Si nous cherchons à nous prévaloir des données de la zootechnie pour démêler les lois générales de l'influence du genre de vie, reconnaissons que l'homme a un tempérament moins vigoureux, moins rustique que les animaux; qu'il a une flexibilité organique beaucoup moindre, qu'il se montre plus stable au milieu de la variation des circonstances extérieures, qu'ainsi, pour donner un exemple, sa taille ne se modifie pas aussi facilement que chez eux par l'abondance de la nourriture. L'exagération des conditions extérieures le conduit, non pas à la déviation organique, mais à la mort.

Reconnaissons encore que le lien d'hérédité est plus étroit chez l'homme que chez les animaux. Les bons soins donnés à l'enfance corrigent pour lui plus difficilement la débilité organique, les vices empruntés au tempérament des parents.

L'étude que nous suivons nous lance forcément dans la voie des comparaisons et des inductions, car le respect dû à l'homme et à sa dignité ne permet pas de le soumettre aux expériences, aux croisements, aux régimes exagérés que l'éleveur impose aux animaux. Nous sommes loin des temps, où un roi d'Egypte, curieux de savoir si l'homme avait pu inventer la parole, fit élever deux enfants dans l'isolement.

Tentons en quelques lignes de difficiles définitions :

Etat sauvage. — Formes physiques régulières, là du moins où n'existent pas la misère ou la manie de pratiquer des déformations artificielles.

Tempérament rustique ; aptitude à supporter les intempéries atmosphériques et la privation momentanée d'aliments.

Inaptitude à fournir un travail manuel très actif et très persévérant.

Adresse remarquable, perfection des sens.

Pas d'activité intellectuelle, cependant développement régulier des facultés mentales. Mémoire remarquable.

Si nous cherchons à définir les conditions d'existence :

Vie facile, conséquence naturelle d'une population très clairsemée et de l'absence de besoins artificiels.

Travail manuel court, varié, très modéré, peu régulier, imposé à la femme aussi bien qu'à l'homme.

Nourriture peu régulière ; alternatives d'abondance et de disette.

Pas de confortable de vêtements ni de logement.

Exercice habituel ; exposition permanente au grand air.

Naissances nombreuses, accouchements d'une remarquable facilité. Mariages précoces. Morts très nombreuses, suites d'accidents, d'excès, de besoins, de violences.

Sélection naturelle des sujets les plus forts pour perpétuer la race, par le fait du décès prématuré des individus chétifs.

Tendance du chiffre de population à rester à peu près stationnaire, les décès balançant les naissances.

Propension à l'ivresse, aux actes de violence et de dol. Imprévoyance extrême.

Passions sensuelles ne paraissant pas extrêmement violentes, mais défaut de résistance morale à leur impulsion.

Transmission fidèle des usages traditionnels.

EXAGÉRATION DU TRAVAIL MANUEL. — VIE RURALE D'EUROPE. — Formes physiques régulières, mais souvent dépourvues d'élégance. Développement très légèrement exagéré des mains. Quelquefois altération des formes par l'abus du travail et l'insuffisance d'une alimentation où la viande fait défaut.

Tempérament robuste, même sous des apparences souvent un peu chétives.

Grande répugnance, à partir de l'âge adulte, à modifier, même en des choses peu essentielles, les habitudes acquises et le régime accoutumé.

Travail manuel quotidien considérable, occupant toute la journée.

Appétit très actif, repas fréquents. Nourriture abondante, mais trop spécialement végétale. Besoin instinctif de boissons fermentées. Prompte diminution des forces, quand la nourriture diminue de quantité ou de qualité.

Exposition permanente au grand air.

Sommeil long et profond.

Peu d'activité intellectuelle. Patience et ténacité de volonté.

Légère diminution des passions sensuelles et de la sensibilité.

Vie laborieuse mais facile, là où le sol n'est pas ingrat et ne porte qu'une population modérée, où la propriété est suffisamment divisée.

Vie difficile, misérable, incertaine, là où la population est excessive.

Naissances et décès assez nombreux, cependant tendance remarquable de la population à croître.

Prédominance dans les maladies des pneumonies et des pleurésies, du rhumatisme, de la dysenterie, des fièvres paludéennes, là où le climat et la nature des lieux les comportent.

Exagération de l'activité intellectuelle. — Vie des professions libérales d'Europe. — Formes physiques élégantes, mais souvent grêles. Epiderme mince, mains petites.

Tempérament empruntant sa force plutôt à l'énergie

morale qu'aux forces physiques. Chez beaucoup d'individus, santé plus ou moins délicate.

Incapacité de travail manuel énergique, quotidien et prolongé.

Aptitude spéciale au travail mental.

Si nous définissons les principales conditions d'existence :

Travail musculaire faible ou presque nul ; exercice incomplet.

Nourriture peu abondante mais recherchée. Repas éloignés les uns des autres.

Trop rare exposition au grand air.

Sommeil léger et court. Sensibilité physique souvent exagérée.

Intelligence très active, brillante, mais souvent déréglée. Prédominance de l'imagination et de la sensibilité sur le bon sens.

Passions sensuelles souvent très vives, mais aptitude à résister à leur impulsion par l'énergie morale.

Aversion pour l'ivresse.

Aversion pour les actes de violence et de dissimulation. Mœurs douces et élégantes, mais parfois raffinées et corrompues.

Propension à la phthisie pulmonaire, aux maladies nerveuses, à la folie, aux maladies utérines et vésicales, à la goutte, à la calvitie, à la myopie.

On s'étonnera peut-être que j'aie identifié le travail manuel avec la vie rurale, lorsque le travail manuel est encore le partage des ouvriers des villes. C'est que le travailleur des campagnes est un type déterminé et stable, qui garde ses mœurs de génération en génération. L'ouvrier des villes au contraire mène un genre de vie variable et peu défini ; autant de professions, autant de conditions diverses ; autant de villes, autant d'habitudes et de mœurs différentes. C'est dans une mesure très inégale qu'il jouit des bienfaits de la lumière et du grand air, et qu'il récolte les avantages de la sobriété et des bonnes mœurs. Le genre de vie, trop souvent peu conforme aux lois de l'hygiène qu'il est amené à suivre, éteint fréquemment sa race en deux ou trois générations. La plupart des ouvriers des grandes villes sont des enfants de la campagne qui sont venus habiter la ville, ou tout au plus les fils de pères qui ont habité la campagne dans leur enfance. Qui pourra dire ce que le séjour des villes et cette stimulation prématurée des passions que la multiplicité des occasions y amène, dévorent de population ! Le travail manuel, séparé de l'heureuse influence de la lumière, du grand air et des bonnes mœurs, n'a pas par lui-même la faculté de conserver la vie.

Revenons sur quelques points de cette rapide esquisse :

Qu'il me soit permis, avant tout, de rappeler que, conduit dans cette étude à parler de l'homme par les analogies qui le rattachent aux animaux, après avoir été conduit à parler des animaux par les analogies qui les rattachent aux plantes, je n'ai pu parler de l'homme que très brièvement et très incomplètement, puisque je n'ai pu l'envisager dans ses facultés propres, qui sortent tout-à-fait du cercle de ces analogies ; dans cette meilleure moitié de lui-même, qui l'éloigne prodigieusement de tous les autres êtres animés.

Qu'on n'interprète donc pas, par une négligence et une indifférence inexcusables, les graves omissions que j'ai dû nécessairement commettre.

Il eût été hors de propos de parler ici des croyances religieuses et morales, des mœurs, des institutions, qui exercent cependant sur les individus et sur les peuples une si profonde influence. J'ai pu parler d'une manière générale de l'aptitude au travail intellectuel, mais je n'ai pu parler du but auquel ce travail s'applique, de la vivacité du sentiment moral, mais non de l'objet auquel il s'attache avec préférence....

En étudiant sur l'homme les influences de l'état sauvage et de la civilisation, j'ai fait une première réserve, relative aux races humaines. Effectivement ces races, dont l'origine se perd dans les premiers temps de l'humanité, et qui se sont produites sous l'action de forces qui ne se manifestent plus aujourd'hui, sont antérieures et supérieures aux modifications que l'état social et le genre de vie amènent. La distinction, qui sépare un noir, un américain, ou un asiatique d'un blanc, se retrouve aussi bien chez les individus qui ont cultivé leur intelligence que chez ceux qui se sont livrés exclusivement au travail manuel.

Le principe du balancement des facultés qui est un des flambeaux de l'histoire naturelle et de la physiologie, jette sur l'étude des races humaines un jour très particulier. L'anthropologie, au début de la science, a dû se préoccuper de distinguer les races par les signes extérieurs, la couleur de la peau, la nature des cheveux, la forme de la tête, etc. L'anthropologie moderne doit surtout discerner chez elles les aptitudes organiques et morales, le caractère du tempérament.

Ce n'est pas par une coïncidence fortuite, que certaines races présentent, avec une torpeur intellectuelle manifeste, une résistance extraordinaire aux intempéries atmosphériques, une sobriété prodigieuse. Chez elle la dépression des facultés mentales s'est balancée avec l'exaltation de la vitalité organique. On admet aujourd'hui, et avec raison que les races humaines sont attachées à certaines zones climatériques, et ne peuvent en sortir sans périr ou d'excès de chaleur ou d'excès de froid; mais dans cette zone même, elles sont très sensibles à certaines influences secondaires. Ainsi l'habitant d'un climat chaud et sec réussira mal dans un climat chaud et pluvieux; la race habituée à vivre de pêche, de chasse et d'un peu de culture ne pourra pas se plier au travail agricole actif et quotidien, à l'usage d'une nourriture très principalement végétale.

La plus haute vitalité organique, la plus grande force et la plus grande souplesse de tempérament, se présenteront volontiers avec le moindre développement des facultés mentales, le moindre volume de l'encéphale, le prognathisme facial, l'épiderme le plus épais, l'habitude dans son pays natal de se contenter de la nourriture la plus simple, le moindre développement du système sanguin, le développement suffisant sans être excessif des masses musculaires, l'inaptitude à l'obésité.

Ce n'est pas seulement avec l'activité mentale que les forces organiques se balancent, c'est encore de l'une à l'autre, suivant des combinaisons variées. La nutrition, le mouvement musculaire, la calorification, la digestion, la résistance au miasme paludéen, l'irritabilité nerveuse, la circulation, les sécrétions cutanées et glandulaires, prédominent légèrement les unes à l'égard des autres, suivant des combinaisons diverses, et constituent le tempérament des diverses races. Sujet d'étude immense, à peine encore ébauché.

La même loi de balancement ou de compensation des facultés se manifeste dans l'influence sur l'homme des professions.

L'homme, qui s'est consacré dès l'enfance au travail

manuel, et qui est fils de parents qui ont travaillé comme lui, jouit de la plus incontestable supériorité pour ce genre de travail. Cette supériorité consiste surtout en ce qu'il peut prolonger le travail toute la journée et le répéter tous les jours, sans que ses forces s'épuisent et que sa santé s'altère.

Au contraire, l'homme voué aux carrières libérales, fils de parents qui ont vécu dans l'habitude du travail intellectuel, a pour l'étude la supériorité la plus évidente. Il se plaît dans l'exercice actif et continuel de l'esprit. S'il veut travailler de ses mains, autrement que d'une manière fugitive et comme par distraction, il fait ordinairement la plus triste expérience de sa faiblesse.

J'ai remarqué qu'en pareil cas l'épuisement nerveux et même la syncope, si un travail énergique et précipité a été soutenu trop longtemps, sont le symptôme par lequel la nature traduit l'inaptitude à une dépense de travail musculaire considérable. Les douleurs musculaires et articulaires, la fièvre intermittente, le dérangement des fonctions digestives, l'anémie et l'amaigrissement, sont les accidents morbides, qui suivent le plus volontiers l'abus d'un travail rural inusité.

Nul doute que l'hérédité ne transmette ces aptitudes dans une certaine mesure.

La limite à cette spécialisation de l'homme est dans la loi naturelle qui ne tolère pas la déviation exagérée des êtres organisés. Quand la spécialisation est devenue excessive, la maladie commence et bientôt la mort suit.

C'est ce qu'on observe surtout pour l'abus du travail intellectuel. Quand la prédominance des aptitudes mentales est devenue outrée, la santé physique souffre. C'est une sorte de proverbe que les fils d'hommes de génie sont souvent des hommes médiocres ou maladifs. On trouve au contraire que leurs pères ont été très fréquemment des personnes d'un mérite remarquable et d'une forte constitution.

Ceci nous expliquera pourquoi beaucoup d'enfants de familles vouées aux études libérales, malgré une aptitude native marquée pour le travail mental, ne peuvent suivre avec succès une carrière, et s'arrêtent en chemin comme par impuissance et épuisement; pourquoi au contraire sortent de temps en temps des classes laborieuses de jeunes sujets choisis, pleins de capacité et de forces, qui, malgré les obstacles de tout genre qu'ils rencontrent dans le monde, développent les aptitudes les plus brillantes et les plus solides, et arrivent à des positions éminentes.

Le temps est un élément utile de conservation dans la voie des spécialisations. Telle déviation organique, qui, poussée trop vite, conduit à la mort, menée lentement et en plusieurs générations s'accomplit sans accident et donne d'heureux résultats.

La loi d'hérédité étant très étroite chez l'homme, il faut, pour comprendre le balancement des facultés, envisager non-seulement les individus, mais la suite des générations.

Qui n'a vu quelques hommes conserver une brillante santé tout en commettant beaucoup d'excès ? Qui n'en a vu d'autres se livrer à des travaux d'esprit excessifs, sans rien perdre de leur vigueur ? C'est dans la suite des générations que se produira l'influence inévitable de ces abus de facultés.

Si les lois de l'hérédité nous étaient mieux connues, beaucoup de phénomènes, dont nous ne comprenons pas la liaison, recevraient l'explication la plus simple. Sur ce point, comme sur beaucoup d'autres, les recherches expérimentales sur les animaux sont appelées à faire faire à l'hygiène et à la médecine les plus brillants progrès.

Si l'homme peut conquérir graduellement l'aptation au genre de travail qu'il adopte, il doit encourir les inconvénients de cette aptation, comme il en a les bénéfices.

J'ai remarqué que les gens de la campagne et leurs enfants, qui ont une si grande supériorité pour travailler des mains et supporter impunément les intempéries atmosphériques, sont encore plus exposés que les citadins à devenir phthisiques, quand ils vont s'enfermer dans les villes.

J'ai encore remarqué que s'ils renoncent de bonne heure au travail manuel, et que leur aisance leur permette de se bien nourrir, ils sont plus disposés à l'obésité.

L'abus du travail intellectuel a souvent, avant même que la santé physique soit altérée et que l'homme souffre dans son corps, des résultats déplorables. Il n'est que trop fréquent de voir l'excès du raisonnement altérer le bon sens et la raison, l'abus de la sensibilité amener le dérèglement moral.

L'abus et surtout l'abus prématuré du travail manuel a des conséquences également fâcheuses, et conduit évidemment à l'amoindrissement de l'intelligence, et, dans certaines conditions, à une sorte d'habitude de matérialisme pratique.

Le mot des anciens *labor improbus,* a un sens bien profond. On le traduit au collége par travail opiniâtre, traduction faible et peu exacte. Il y a dans le mot *improbus* quelque chose qui se rapproche d'immoral et d'impie.

C'est au contact de la lumière et du grand air, par un juste exercice des mouvements, par l'usage d'une nourriture suffisante, sans être superflue, que s'assure la santé du corps. La santé de l'esprit se prend dans le respect de la loi morale, dans l'amour du travail et la modération dans le travail, dans le juste exercice des facultés mentales et le soin raisonnable de la santé physique.

Cela se sait et se répète depuis le commencement du monde, et ne se pratique pas communément. On voit avec peine que ce soit en quelque sorte dans les sociétés les plus civilisées que se commettent aujourd'hui les plus nombreuses et les plus éclatantes infractions à ces simples préceptes. La spécialisation extrême de l'homme est une injure à la nature.

NOTES.

Il est facile de saisir le balancement des facultés dans la suite des âges comme dans le parallèle des individus ou des espèces.

L'enfant a la force organique de nutrition et de croissance la plus puissante, alors que d'autres facultés s'exercent faiblement ou sommeillent encore.

Les fonctions de génération commencent à s'exercer à l'âge où la taille approche de son terme et où les forces de nutrition commencent à s'exercer avec moins d'activité.

L'adulte montre la plus grande force musculaire, la plus grande activité intellectuelle et morale, parce que, n'ayant plus à grandir, il bénéficie de l'extinction de la force de croissance.

Le vieillard semble décroître, sans compensation, dans tous ses organes et dans toutes ses facultés ; mais il y a en lui une force latente, qui a acquis sa plénitude et sa maturité, et qui est prête à se manifester à sa mort prochaine. Le mérite moral de sa vie accomplie est la raison du degré de dignité dont jouira son âme après sa mort.

La même loi jette un jour particulier sur l'étude des tempéraments. On estime en général que la plus grande activité est le partage des hommes d'un tempérament sec et nerveux. C'est que, lorsque le défaut d'embonpoint n'est pas l'indice d'une mauvaise constitution ou d'une nourriture insuffisante, il marque la pleine combustion dans le sang des matières absorbées par l'intestin. Or, cette combustion est comme le foyer générateur de l'activité vitale. L'obésité marque au contraire la prédominance de la force organique d'assimilation sur l'expansion des facultés actives. Les personnes obèses supportent généralement mal la fatigue, la privation de sommeil et de nourriture, la saignée, et quoiqu'on en rencontre quelques-unes qui sont très actives, ordinairement elles ne le sont pas beaucoup.

Il ne peut cependant y avoir de règle absolue en ces matières, parce que les forces organiques, qui peuvent se compenser réciproquement, sont trop nombreuses et se prêtent à trop de combinaisons, et surtout, parce qu'il y a d'individu à individu inégalité, aussi bien dans la somme totale de la vitalité et des forces que dans la répartition relative de ces forces en départements distincts.

Cette inégalité peut quelquefois s'expliquer un peu, quand on étudie, non plus l'individu isolé, mais la suite des générations. Elle est cependant difficile à comprendre dans sa nature intime ; mais que de mystères dans ces relations dont nous entrevoyons à peine les lois générales !

On a comparé quelquefois les races animales naturelles ou artificielles aux races humaines, et on a remarqué avec raison, qu'il y a plus de différences de stature, de couleurs, de formes, entre telle ou telle race d'une même espèce animale qu'entre les différents rameaux de la famille humaine.

Il faut dire toutefois que ces différences sont plus extérieures et moins intimes, et qu'elles ont une valeur réelle moindre, parce qu'une déviation ne doit pas être mesurée en simple raison de l'écart apparent, mais en raison encore de la fixité naturelle de l'objet dévié, comme en raison aussi des causes extérieures qui ont pu la produire.

Certes, à ne juger qu'aux premières apparences, il y a la même différence entre un animal à pelage blanc et un même animal à pelage noir, qu'entre un Européen et un nègre ; mais, si peu qu'on examine de plus près les choses, l'analogie cesse. L'Européen a la plénitude de l'acclimatement pour les climats tempérés, le nègre la plénitude de l'acclimatement pour la zone torride. Les fonctions organiques et les facultés intellectuelles, étudiées chez l'un et chez l'autre, présentent une série complète de différences légères mais stables ; en sorte que l'on peut assurer qu'il n'y en a pas une qui s'accomplisse précisément et absolument de la même manière chez tous les deux.

Pour arrêter mes idées sur l'éducation des animaux dans les régions intertropicales, j'ai dû, afin de compléter le peu que l'expérience personnelle m'avait appris, lire beaucoup de documents. Eh bien, il est ressorti pour moi de ces documents, que la plupart de nos animaux domestiques ne se sont acclimatés que plus ou moins imparfaitement dans les pays chauds et surtout dans les régions équatoriales, qu'ils ne sont pas parvenus à y vivre aussi naturellement, aussi facilement qu'en Europe, à y fournir la même quantité de travail musculaire, de viande, de graisse, de reproduction.

Le porc, qui est l'animal qui supporte le mieux les climats chauds et humides, y présente un déchet énorme dans son aptitude à une prompte croissance organique et à un facile engraissement. Le chien, qui s'élève depuis les glaces polaires jusque sous l'équateur, perd sensiblement de ses forces et de sa rusticité dans les contrées équatoriales.

Je ne pense pas que les régions polaires soient plus favorables que les pays chauds à l'élève des animaux domestiques.

Singulier contraste, l'homme le plus fragile, le plus délicat des mammifères par son tempérament, est celui qui couvre la terre entière, et qui, grâces à sa subdivision en races, y habite les régions les plus opposées !

L'examen des faits relatifs à la génération nous montre également combien la division des races humaines est plus profonde que celle des variétés zoologiques. L'union d'animaux, l'un à pelage blanc, l'autre à pelage noir, produira plus volontiers des petits à poil mêlé ou de nuance intermédiaire, mais il en naîtra aussi de tout blancs et de tout noirs. De l'union de l'Européen et du nègre, il naîtra toujours un type exactement intermédiaire, tenant la moitié de ses traits de chacun des ascendants.

Les personnes qui liront l'excellent livre de M. Godron : *De l'espèce et des races....*, y trouveront beaucoup de documents sur l'influence de la culture sur les plantes et de l'éducation domestique sur les animaux. Ces documents pourront servir de confirmation et de complément aux propositions que j'ai avancées.

L'auteur s'est toutefois placé à un autre point de vue que moi. Se proposant de démontrer que l'espèce était réellement stable, en dépit des variations d'un ordre secondaire que montrent les races, il ne s'est pas attaché, autant que je l'ai fait, à mettre en lumière cette loi perpétuelle de compensation, qui ne permet à un organe ou à une faculté de croître démesurément, qu'en imposant une diminution corrélative à un ou plusieurs autres organes ou facultés.

Cette observation s'applique particulièrement à ce que M. Godron a écrit sur les races humaines.... Mais en vérité y a-t-il un autre moyen de les apprécier, surtout au point de vue de la comparaison morale, que d'avoir vécu plusieurs années en contact intime et continuel avec de nombreux individus de ces races?

Les traités de zootechnie offriront encore au lecteur de nombreux et intéressants documents. M. Baudement, dont une mort prématurée a interrompu les intéressants travaux, a insisté avec force sur cette loi inévitable de compensation que l'éleveur enthousiaste se laisse trop facilement aller à oublier.

Qu'il me soit permis de rappeler en terminant un travail, où j'ai eu à invoquer si continuellement le principe du balancement organique, qu'au sortir du collége j'ai eu l'avantage de suivre au muséum les leçons de M. Isidore Geoffroy Saint-Hilaire, enlevé si malheureusement à la science, à la maturité de son âge, et dans la pleine activité de sa grande et généreuse entreprise. Je me plais à reconnaître que j'ai puisé à ses cours quelques-uns des principes d'histoire naturelle et de physiologie générales qui, dans mes voyages, m'ont puissamment servi à former mes appréciations. On sait que Geoffroy Saint-Hilaire père est de tous les naturalistes celui qui a le plus insisté sur la loi du balancement organique.

Après avoir écrit ce travail, j'ai, dans un voyage, traversé rapidement l'Espagne et séjourné une demi-année aux îles Canaries.

Tous les fruits que j'ai mangés en Espagne, fin septembre, m'ont paru de race différente des fruits de même espèce du Nord de la France. Il est difficile d'expliquer une diversité aussi générale, autrement que par un effet séculaire du climat.

A la côte des Canaries, mon ami le docteur V. Perez a planté dans des terres de lave des plants de pêcher et de vigne tirés du Nord de la France. Ils ont langui, puis sont morts, à côté de plants du pays qui poussaient avec vigueur.

Il a semé du blé généalogique anglais sur deux points de la côte de Ténériffe, où le blé se cultive avec succès. Ce blé a très mal végété et s'est montré absolument impropre pour le pays.

De la graine de ver à soie, tirée des Canaries et essayée en Europe, s'y est très mal comportée. Les vers ont souffert d'un climat trop froid.

Je tiens de D. Celedonio, chez qui j'ai reçu la plus gracieuse hospitalité à Palma (Canaries), et qui a habité longtemps Cuba, que des personnes de cette île qui, dans leur jeunesse, avaient étudié l'agriculture dans les écoles d'Europe, ont obtenu, en employant les procédés de l'arboriculture perfectionnée, des races améliorées remarquables des fruits des pays chauds, notamment du sapotillier et du corossol. L'hypertrophie de la chair et l'atrophie partielle des noyaux étaient le signe le plus notable de cette amélioration.

Ce résultat est tout-à-fait en rapport avec l'opinion que j'ai émise que c'est vers la limite Nord de la végétation d'une plante, que l'on peut plus facilement obtenir les améliorations de race.

S'il y a des climats propices à la production de races de culture nouvelles et meilleures, il y en a d'autres qui semblent, pour certaines plantes, entraîner une dégénérescence lente. J'ai constaté cela pour le dattier aux Canaries. Ce beau palmier, qui y trouve une atmosphère trop humide et une radiation solaire insuffisante, y a formé une race dégénérée qui ne donne que sur quelques arbres des dattes comestibles, et qui ne les donne qu'en très petite quantité. (Voyez Perez et Sagot, *Végétation aux Canaries....*)

L'*Opuntia ficus indica*, depuis qu'il est cultivé aux Canaries, est devenu moins épineux et l'épiderme de ses feuilles est devenu plus mince.

En tout pays, on a vu des sols viciés par un excès d'engrais et surtout de guano et d'engrais exclusivement chargés d'azote ou même d'azote et de phosphates. Le remède à un tel état du sol est la pratique des cultures réparatrices, l'enfouissage en vert, un retour momentané à la jachère, au reboisement. Mon ami, M. Madinier, a rattaché avec raison la maladie des cannes à la Réunion à l'abus du guano, et a indiqué, comme le remède vraisemblablement le plus efficace, un aménagement de culture qui permettra de donner au sol beaucoup de terreau végétal.

Nantes, Mme vᵉ Mellinet, Imprimeur, place du Pilori, 5.

www.ingramcontent.com/pod-product-compliance
Ingram Content Group UK Ltd.
Pitfield, Milton Keynes, MK11 3LW, UK
UKHW020944180726
13838UKWH00003B/1113

9 782329 370125